Montaje y mantenimiento de instalaciones caloríficas

Índice

Presentación

El técnico en instalaciones de producción de calor ejerce su actividad en el sector de las instalaciones térmicas y de fluidos, en concreto, en labores relacionadas con la calefacción y producción de ACS. Para poder realizar la instalación y mantenimiento de los equipos, es necesario conocer cada uno de sus componentes, elementos fundamentales y modo de funcionamiento. La exposición de los contenidos utiliza frecuentemente documentación técnica de equipos reales de mercado, base de la documentación que el futuro técnico deberá manejar con asiduidad.

El presente libro se dirige principalmente a los estudiantes de Ciclo Formativo de Grado Medio en Instalaciones de Producción de Calor, desarrollando los contenidos establecidos en el Real Decreto 1792/2010 por el que se establece el Título de Técnico de Instalaciones de Producción de Calor, aunque será muy útil también para todos aquellos profesionales implicados en los trabajos de montaje y mantenimiento de instalaciones caloríficas.

Los contenidos del libro contribuyen a la obtención del Certificado de Profesionalidad (IMAR0408) Montaje y Mantenimiento de Instalaciones Caloríficas, recogido en el Real Decreto 715/2001, con su cualificación profesional de referencia (IMA368_2).

Además de los contenidos reglados a los que se refiere el currículo oficial, se incluyen en esta obra aportaciones del autor fruto de la experiencia docente en este campo y del contacto directo con fabricantes y empresas instaladoras. Esta experiencia, en contacto directo con los sectores productivos de referencia, ha sido determinante en la elaboración de este libro, muy útil para la formación del profesional actual.

Los contenidos se estructuran conforme a los siguientes capítulos:

- Capítulo 1. Introducción a los equipos e instalaciones de producción de calor.
- Capítulo 2. Equipos de producción de calor.
- Capítulo 3. Equipos emisores en instalaciones caloríficas.
- Capítulo 4. Nuevas técnicas de equipos de producción y emisión.

- Capítulo 5. Redes de distribución de fluidos y de evacuación de los productos de la combustión.
- Capítulo 6. Instalaciones eléctricas y sistemas automáticos en instalaciones caloríficas.
- Capítulo 7. Pruebas y puesta en marcha de instalaciones caloríficas.
- Capítulo 8. Mantenimiento preventivo en instalaciones caloríficas.
- Capítulo 9. Mantenimiento correctivo en instalaciones caloríficas.

Además de la explicación de los contenidos que componen los distintos capítulos y apartados, el texto pone a disposición del lector y del profesional encargado de la docencia de esta materia una propuesta de actividades que guiarán y mediarán en el proceso de enseñanza y aprendizaje, así como una serie de recursos y cuadros resumen que facilitarán este proceso. Además, cada capítulo cuenta con un glosario en el que se explican los términos que pudieran resultar más novedosos o confusos para el estudiante y que son de especial importancia para la comprensión del texto.

1

Introducción a los equipos e instalaciones de producción de calor

Objetivos

- ✓ Saber cuáles son las magnitudes básicas empleadas en las instalaciones de producción de calor.
- ✓ Manejar las diferentes magnitudes aplicadas en la documentación técnica de fabricantes de equipos e instalaciones.
- ✓ Identificar los conceptos básicos y los esquemas utilizados en instalaciones caloríficas.
- ✓ Conocer la reglamentación aplicable en instalaciones caloríficas.

Mapa conceptual

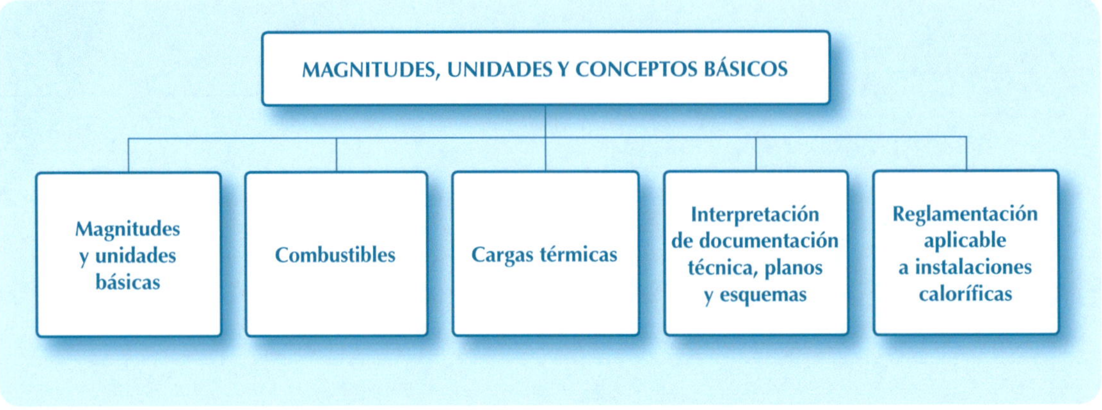

Glosario

Carga térmica. Necesidades de calor en una estancia para poder mantener la temperatura interior en ella.

Combustible. Material que, al oxidarse, desprende calor. Podemos diferenciar los combustibles sólidos, líquidos o gaseosos. Trataremos especialmente en este libro los líquidos (gasóleo) y los gaseosos (gases licuados del petróleo GLP y gas natural).

Magnitud. Propiedad de los cuerpos o sistemas que pueden ser medidas; se le asignan varios valores.

Medida. Es la cantidad de veces que se repite el patrón de la magnitud en el sistema y objeto.

Reglamentación. Conjunto de leyes, reglamentos y normas aplicables a un tipo de instalación.

Sistema Internacional de Unidades (SI). Es el sistema de unidades que se emplea en la mayoría de países. Se basa en siete unidades básicas; el resto de unidades son derivadas de estas.

Unidad. Las magnitudes físicas utilizan para su medida un patrón que define perfectamente dicha magnitud.

1.1. Introducción

En el presente capítulo analizaremos las magnitudes y unidades más utilizadas cuando trabajamos con instalaciones caloríficas. Una vez establecidas las unidades del sistema internacional, describiremos en detalle las más utilizadas cuando se trabaja con instalaciones de calefacción en el siguiente apartado. Posteriormente, en este mismo capítulo, analizaremos los combustibles utilizados comúnmente en instalaciones de producción de calor convencionales. También será necesario introducir el concepto de *carga térmica*, dado que será de manejo habitual cuando se trabaja con instalaciones caloríficas. La interpretación de planos y esquemas es una competencia básica que debe tener el instalador de instalaciones caloríficas, pues el plano o el esquema es el mejor método de comunicación entre el proyectista y el instalador. El conocimiento de la normativa que aplica a las instalaciones de caloríficas es fundamental para que el futuro instalador se desenvuelva con soltura, tanto en las instalaciones como con la documentación técnica.

1.2. Unidades del SI utilizadas en equipos e instalaciones caloríficas

Los sistemas de unidades son un conjunto de unidades uniforme basado en varias unidades básicas, desde las cuales se deriva el resto (figura 1.1). En España se utiliza el Sistema Internacional de Unidades, publicado en el *Boletín Oficial de Estado* por Real Decreto 1317/1989.

PARA SABER MÁS

El Real Decreto 1317/1989, en su artículo único, determina:

1. El Sistema Legal de Unidades de Medida obligatorio en España es el sistema métrico decimal de siete unidades básicas, denominado Sistema Internacional de Unidades (SI), adoptado por la Conferencia General de Pesas y Medidas y vigente en la Comunidad Económica Europea. En este Real Decreto se relacionan las unidades SI básicas y suplementarias, las unidades SI derivadas y las reglas para la formación de los múltiplos y submúltiplos de dichas unidades.

Magnitud	Unidad	Símbolo
Longitud	Metro	m
Masa	Kilogramo	kg
Tiempo	Segundo	s
Intensidad de corriente eléctrica	Ampere	A
Temperatura termodinámica	Kelvin	K
Cantidad de sustancia	Mol	mol
Intensidad luminosa	Candela	cd

Figura 1.1
Unidades básicas del SI.

La temperatura nos indica el nivel de calor de un cuerpo. La unidad de temperatura en el SI es el Kelvin (K). La unidad más empleada es el grado centígrado o grado Celsius (°C). Para expresar un intervalo de temperatura es usual utilizar indistintamente los grados Kelvin o los grados Celsius. La equivalencia sería (figura 1.2):

$$t\ (°C) = T(K) - 275{,}15$$

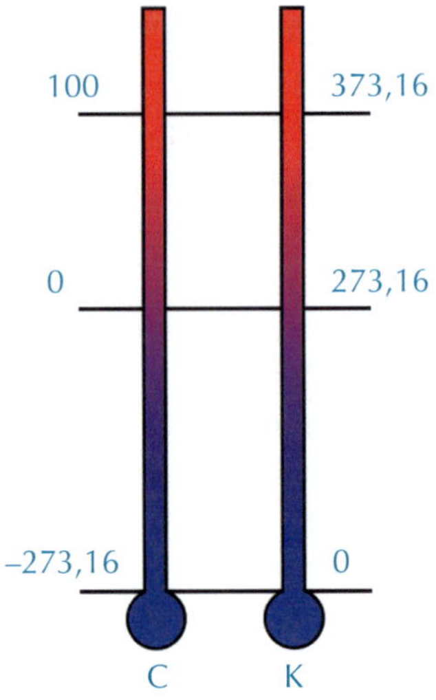

Figura 1.2
Equivalencia escala Celsius y escala Kelvin.

1.2.1. Unidades derivadas utilizadas en equipos e instalaciones caloríficas

A partir de las unidades básicas del SI, y mediante su combinación, se crean unidades derivadas (cuadro 1.1) las cuales trataremos a continuación.

CUADRO 1.1
Unidades derivadas del SI

Magnitud	Unidad	Símbolo
Presión	Pascal	Pa
Calor	Julio	J
Potencia	Vatio	W

A) Presión

Es la relación entre una fuerza y la superficie sobre la que se aplica. La unidad en el sistema internacional es el Pascal (Pa). Un pascal es la presión uniforme que, actuando sobre una superficie plana de 1 m^2, ejerce perpendicularmente a esta superficie una fuerza total de 1 newton. La forma más habitual de expresar la presión en instalaciones caloríficas es en kg/m^2.

$$9{,}8\ Pa = 1\ kg/m^2$$

Las unidades utilizadas para la presión son:

bar: 1 bar = 100.000 Pa
milibar: 1 mbar = 100 Pa
atmósfera: 1 atm = 1kg/m^2
metros columna de agua: 10 mca = 1kg/m^2

B) Calor

Cuando dos cuerpos de diferentes temperaturas se ponen en contacto, se produce un intercambio de calor desde el cuerpo a mayor temperatura al cuerpo a menor temperatura. La cantidad de calor cedido es función de la masa (m), del calor específico del cuerpo (Ce) y de la diferencia de temperatura DT.

$$Q = m \times Ce \times \Delta T$$

El calor específico de un cuerpo es la cantidad de calor necesaria para elevar un grado la unidad de masa de un cuerpo (figura 1.3). El calor específico del agua es 1 kcal/kg °C, es decir, que para subir un grado la temperatura del agua es necesario aportar una caloría por cada gramo de agua.

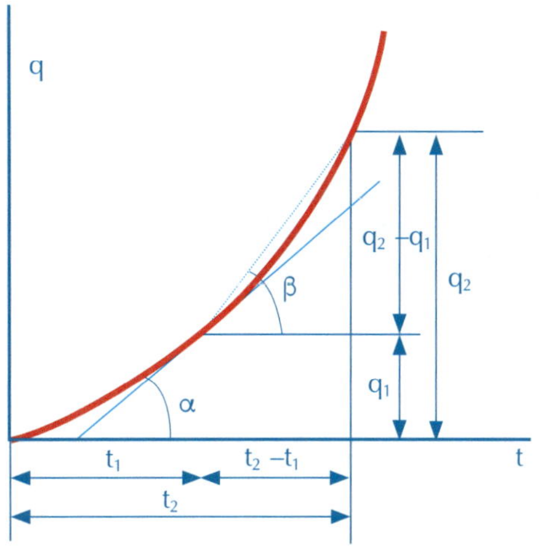

Figura 1.3
Cálculo del calor específico de un cuerpo.

Las unidades empleadas para el calor habitualmente son:

kilocaloría: 1 kcal = 1.000 cal
julio: 4,18 J = 1 cal
kilojulio 1 kJ = 1.000 J = 0,24 kcal

Actividad propuesta 1.1

Determina la cantidad de calor que hay que aportar a un depósito de 2.000 litros de agua para calentarlo desde 11 °C hasta 60 °C. Expresa el resultado en julios (J).

La energía es la capacidad que tienen los cuerpos de realizar un trabajo. Su unidad en el Sistema Internacional se expresa en julios (J).

TOMA NOTA

El calor y el trabajo son dos formas de transferir energía, la primera a través de una diferencia de temperatura y la segunda en forma de fuerza y desplazamiento.

C) Potencia

Es la cantidad de energía que se transmite en una unidad de tiempo. Su unidad en el SI es el vatio (W) que equivale a J/s. También se utilizan las kcal/h frecuentemente.

$$1 \text{ kW} = 860 \text{ kcal/h}$$

Mediante la aplicación de fórmulas matemáticas en las que se relacionan magnitudes físicas, resultan otras magnitudes también muy utilizadas en instalaciones y que se relacionan en el cuadro 1.2.

CUADRO 1.2
Magnitudes utilizadas en instalaciones térmicas

Magnitud	Unidades
Caudal	m^3/s
Densidad	kg/m^3
Pérdida de carga	mmca

D) Caudal

Se define como el volumen que atraviesa una superficie en un tiempo determinado. Su unidad en el SI es el m^3/s. Se puede determinar mediante la expresión:

$$\text{Caudal } (m^3/s) = \text{Velocidad } (m/s) \times \text{Sección } (m^2)$$

Esta expresión, conocido el caudal y la velocidad del fluido, es habitual utilizarla para determinar la sección y diámetro de la tubería necesaria.

El caudal definido anteriormente es un caudal volumétrico, dado que está expresado en unidades de volumen. Es frecuente el uso del caudal másico, definido como la masa que atraviesa una sección en un tiempo determinado. Su unidad en el SI es el kg/s.

E) Densidad

La densidad es la relación entre la masa del cuerpo y el volumen que ocupa. Su unidad en el SI es el kg/m^3. El paso de caudal volumétrico a caudal másico se realiza multiplicando por la densidad del fluido.

F) Pérdida de carga

Es la diferencia de presión entre varios puntos de una red de fluidos. Se determina en cada tramo de tuberías y es la diferencia entre la presión al final del tramo y la presión a inicio del tramo. Para su determinación se suelen usar tablas en función del material de la tubería, la velocidad, el caudal y la sección de tubería. Las unidades utilizadas son mca o mmca, por cada metro de tubería.

1.2.3. Múltiplos y submúltiplos

Los múltiplos y submúltiplos se designan por prefijos, y determinan los valores por los que se multiplica o divide la unidad. Los más utilizados podemos verlos en el cuadro 1.3.

CUADRO 1.3
Múltiplos y submúltiplos

Factor	Prefijo	Símbolo
×1.000.000	Mega-	M
× 1000	Kilo-	k
÷ 10	Deci-	d
÷ 100	Centi-	c
÷ 100	Mili-	m

1.3. Combustibles

En este apartado analizaremos los combustibles frecuentemente utilizados en las instalaciones de producción de calor. Estos combustibles los podemos dividir en tres grupos:

- Combustible sólidos.
- Combustibles líquidos.
- Combustibles gaseosos.

En el presente apartado no nos detendremos en analizar las propiedades ni las instalaciones de cada uno, ya que ese contenido es propio de otro modulo profesional, pero sí detallaremos las características y propiedades que nos son útiles para el presente libro.

FUNDAMENTAL

El poder calorífico de un combustible es la cantidad de energía que podremos obtener cuando se combustiona un kilogramo de combustible. Su unidad habitual es el kwh/kg y el kwh/Nm^3 para el gas natural. Aunque también pueden expresarse en MJ/kg.

Los combustibles utilizados de forma habitual en las instalaciones de producción de calor son el *pellet* como combustible sólido, el gasóleo como combustible líquido, y como combustibles gaseosos los gases licuados del petróleo GLP y el gas natural.

Es importante conocer las características de cada combustible; como datos fundamentales tendríamos la densidad y los poderes caloríficos.

Actividad propuesta 1.2

En la web del IDAE (www.idae.es) puedes descargarte una tabla con los poderes caloríficos de los combustibles. Analiza la energía que podríamos conseguir si se combustiona:

1 kg de gasóleo.
1 kg de propano.
1 kg de butano.
1 m^3 de gas natural.

Compara los valores obtenidos.

1.4. Cargas térmicas

En calefacción la carga térmica la podemos considerar como la cantidad de calor que es necesario aportar a la vivienda para compensar las pérdidas de calor por las paredes. Las pérdidas de calor se producen fundamentalmente por los cerramientos, y dependen de:

- Las condiciones exteriores: temperatura exterior, orientación y exposición al viento son factores que afectan a la pérdida de calor.
- Las condiciones interiores: la temperatura de confort, que fundamentalmente depende de la estancia.
- Las condiciones de la vivienda: aislamiento en cerramientos y huecos, tipo de vivienda.

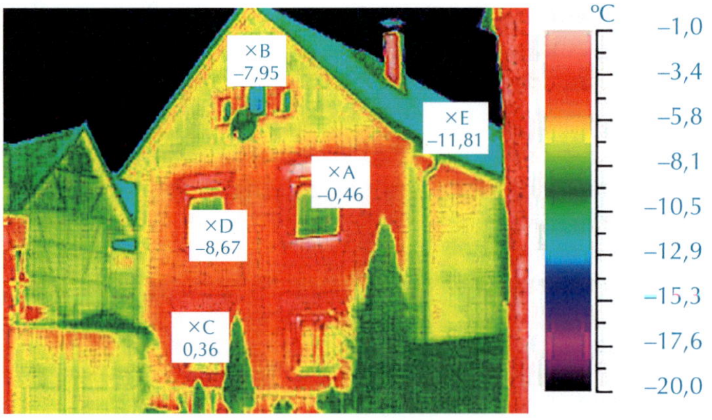

Figura 1.4
Necesidades térmicas en edificios.
(*Fuente*: Lutz Weidner).

El valor de las cargas térmicas en cada estancia será lo que determine las necesidades de calefacción en cada una de ellas. Sumando todas las estancias tendremos las necesidades totales, las cuales nos servirán para el dimensionamiento de la caldera. En la figura 1.4 se representa la imagen térmica de una vivienda en la que puede verse los puentes térmicos donde se producen las mayores pérdidas de calor hacia el exterior.

1.5. Interpretación de planos y esquemas en instalaciones caloríficas

Para la correcta interpretación de planos y esquemas es necesario el uso de un lenguaje común. Este lenguaje común es la simbología, que debe estar normalizada y debe quedar recogida en cada uno de los esquemas o planos.

Para el dibujo de planos o esquemas es importante el uso de la normativa en cuanto representación gráfica. Para ello hay que tener en cuenta los principios recogidos en la norma UNE-EN 1032. Dibujos técnicos. Principios Generales de Representación.

Actividad propuesta 1.3

Descarga desde la web del fabricante las especificaciones técnicas del montaje de la caldera Platinium de BAXI. Después, entra en el apartado de materiales para profesionales, imprime la plantilla de instalación de la caldera y haz una prueba en el taller de los taladros que necesitarías realizar, diámetros, posición y colocación de los tubos.

Analiza los apartados de instalación de la caldera e instalación de los conductos, identificando los esquemas tipo de instalación que aparecen.

Como se ha explicado anteriormente, es imprescindible que en cada plano o esquema figure la simbología, de modo que se puede interpretar cada uno de los elementos reflejados en el esquema.

1.6. Reglamentación aplicable en instalaciones caloríficas

La reglamentación es unos de los apartados más complicados a los que tiene que hacer frente un técnico de instalaciones. Su lectura y a veces su interpretación no es fácil, sobre todo cuando no se está acostumbrado a ello. En el presente apartado se exponen las leyes y reglamentos que aplican a nivel general en las instalaciones de calefacción. El compendio normativo es bastante amplio, por lo que no sería posible recogerlo en su totalidad; por ello, será suficiente con incluir la reglamentación básica y algunas herramientas para consultarlas. Como normas básicas para las instalaciones caloríficas tenemos:

- Código Técnico de la Edificación (CTE). Establece y desarrolla las exigencias básicas de calidad de los edificios y sus instalaciones, y que permiten demostrar que se satisfacen los requisitos básicos de la edificación que marca la ley.
- Del CTE utilizaremos los documentos básicos DB-HE de ahorro de energía y el DB-HS de salubridad.
- Reglamento de Instalaciones Térmicas en los Edificios (RITE). Establece las condiciones que deben cumplir las instalaciones destinadas a atender la demanda de bienestar térmico e higiene a través de las instalaciones de calefacción, climatización y agua caliente sanitaria, para conseguir un uso racional de la energía.

  Este documento ha sufrido varias modificaciones. Puedes descargar la versión consolidada en Decreto consolidado 1027-2007.
- Normas UNE de obligado cumplimiento. Son las citadas en alguna de las instrucciones del RITE. No están incluidos en el documento del RITE, por lo que es necesario adquirirlas. Existen recopilaciones de las normas UNE citadas.
- Por último como instaladores tendremos que cumplir las especificaciones de montaje e instalación del fabricante de los equipos, que son de obligado cumplimiento, sobre todo en lo que respecta al buen funcionamiento del equipo y a la garantía del fabricante, de modo que una mala instalación puede condicionar la respuesta a la garantía del fabricante.

WWW

Recurso web

A través de los siguientes códigos QR puedes acceder y consultar los distintos reglamentos aplicables a instalaciones caloríficas:

1. Código Técnico de la Edificación (CTE), QR1.
2. Reglamento de Instalaciones Térmicas en los Edificios (RITE), QR2.
3. Normas UNE de obligado cumplimiento, QR3.

① ② ③

Resumen

- Los sistemas de unidades son un conjunto de unidades uniforme basado en varias unidades básicas, desde las cuales se deriva el resto.
- El sistema legal de unidades de medida obligatorio en España es el sistema métrico decimal de siete unidades básicas, denominado Sistema Internacional de Unidades (SI).
- Los combustibles utilizados de forma habitual en las instalaciones de producción de calor son el *pellet* como combustible sólido, el gasóleo como combustible líquido, y como combustibles gaseosos los gases licuados del petróleo GLP y el gas natural.
- Las pérdidas de calor se producen fundamentalmente por los cerramientos, y dependen de las condiciones exteriores, las condiciones interiores, del aislamiento en cerramientos y tipo de vivienda.
- Como normas básicas para las instalaciones caloríficas tenemos:

  - Código Técnico de la Edificación (CTE).
  - Reglamento de Instalaciones Térmicas en los Edificios (RITE).
  - Normas UNE de obligado cumplimiento.
  - Especificaciones del fabricante.

Ejercicios propuestos

1. Determina el calor que necesitamos aportar para elevar la temperatura de un depósito de agua de 500 litros desde una temperatura de 21 °C a 60 °C.

2. Si el deposito dispone de una resistencia de 2.000 W, determina el tiempo de calentamiento.

3. Determina el caudal másico que es capaz de calentar un calentador de agua de 16 kW que calienta agua desde 21 °C a 50 °C.

4. Una caldera quema 7 kg/h de gasóleo. Si su rendimiento es del 90 %, determina la potencia útil de la caldera.

5. Sobre la caldera del ejercicio anterior, determina el tiempo que tardaría en calentar desde 11 °C a 45 °C un depósito de 5.000 litros de agua.

Práctica	
Interpretación de esquema de instalaciones.	
Objetivo	Conocer la simbología utilizada en esquemas de instalaciones y conocer los principios de funcionamiento.
Material	Esquema tipo de instalaciones.
Procedimiento	Sobre el esquema de la figura 1.5, realiza una tabla con los elementos y su simbología. Explica el principio de funcionamiento.

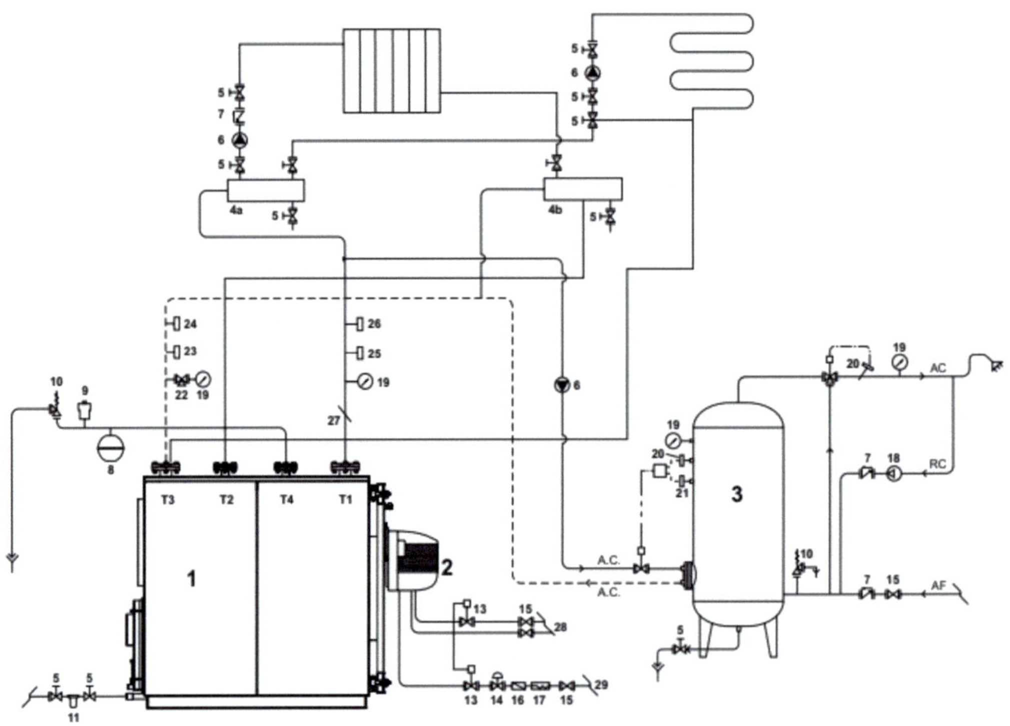

Figura 1.5
Esquema producción de calor.
(*Fuente*: Ferroli).

ACTIVIDADES DE AUTOEVALUACIÓN

1. En una tubería nos encontramos la siguiente designación 1 MPa. Eso quiere decir:
   - ☐ *a)* La presión es 1.000 Pa.
   - ☐ *b)* La presión es 1.000.000 Pa.
   - ☐ *c)* Esa inscripción nada tiene que ver con la presión que soporta la tubería.
2. Un incremento de temperatura debe medirse en:
   - ☐ *a)* Grados Kelvin.
   - ☐ *b)* Grados Celsius.
   - ☐ *c)* Ambas respuestas son correctas.
3. Un calentador de agua tiene una designación de 13,7 litros por minuto. Determina la potencia en kW sabiendo que el incremento de temperatura considerado es de 25 k.
   - ☐ *a)* 20 kW.
   - ☐ *b)* 23,86 kW.
   - ☐ *c)* 13,7 kW.
4. Por una tubería pasa un caudal de 0,1 l/s.
   - ☐ *a)* Eso quiere decir que pasan 1 m^3/s.
   - ☐ *b)* Pasan 0,36 m^3/h.
   - ☐ *c)* Pasan 0,36 m^3/min.
5. Los combustibles comúnmente empleados en instalaciones de producción de calor son:
   - ☐ *a)* Solo gas natural y gasóleo.
   - ☐ *b)* Gas natural y GLP como combustibles gaseosos y gasóleo como combustible líquido.
   - ☐ *c)* Biomasa cada vez más como combustible en quemadores atmosféricos.
6. El poder calorífico inferior PCI de un combustible es:
   - ☐ *a)* La cantidad de energía que podría suministrar al quemarse por cada kilogramo de combustible.
   - ☐ *b)* La temperatura a la que el combustible inicia la ignición.
   - ☐ *c)* El calor conseguido al condensar el H_2O de los productos de la combustión.
7. Las necesidades de calefacción de una vivienda dependen:
   - ☐ *a)* De la diferencia de temperatura entre el interior y el exterior de la vivienda.
   - ☐ *b)* Del nivel de aislamiento de la vivienda.
   - ☐ *c)* Ambas respuestas son correctas.
8. Si una vivienda tiene unas necesidades de calefacción de 25 kW y mediante una reforma se mejoran los aislamientos cambiando las carpinterías de aluminio antiguas por nuevas de PVC con mejor aislamiento…
   - ☐ *a)* … las necesidades de calefacción no varían, pues dependen solo de los cerramientos opacos.

- ☐ *b)* … se elevan, pues el PVC no tiene rotura de puente térmico y el aislamiento en general empeora.
- ☐ *c)* … las necesidades de calefacción bajan considerablemente, con el consiguiente ahorro de energía que se produce.

9. En un esquema de instalación es fundamental que figure:
   - ☐ *a)* La leyenda, de modo que se sepa qué elemento representa cada figura.
   - ☐ *b)* La escala del plano.
   - ☐ *c)* La ubicación del edificio para conocer la zona climática.

10. Las normas básicas de utilidad para instalaciones caloríficas son:
    - ☐ *a)* Solo aplica el RITE.
    - ☐ *b)* El CTE y el RITE.
    - ☐ *c)* Las normas UNE que desarrollan el CTE, dado que es donde podemos encontrar los valores de las magnitudes a considerar en el proyecto.

SOLUCIONES:

1.	a	**b**	c	**5.**	a	**b**	c			
2.	a	b	**c**	**6.**	**a**	b	c	**9.**	**a**	b	c
3.	a	**b**	c	**7.**	a	b	**c**	**10.**	a	**b**	c
4.	a	**b**	c	**8.**	a	b	**c**				

2

Equipos de producción de calor

Objetivos

- ✓ Conocer los tipos y clasificación de equipos de producción en instalaciones caloríficas.
- ✓ Establecer las técnicas de montaje de equipos y componentes de producción de calor.
- ✓ Saber cuáles son los elementos y los componentes de los equipos de producción de calor.
- ✓ Determinar los modos de funcionamiento de los equipos de producción en instalaciones caloríficas.

Mapa conceptual

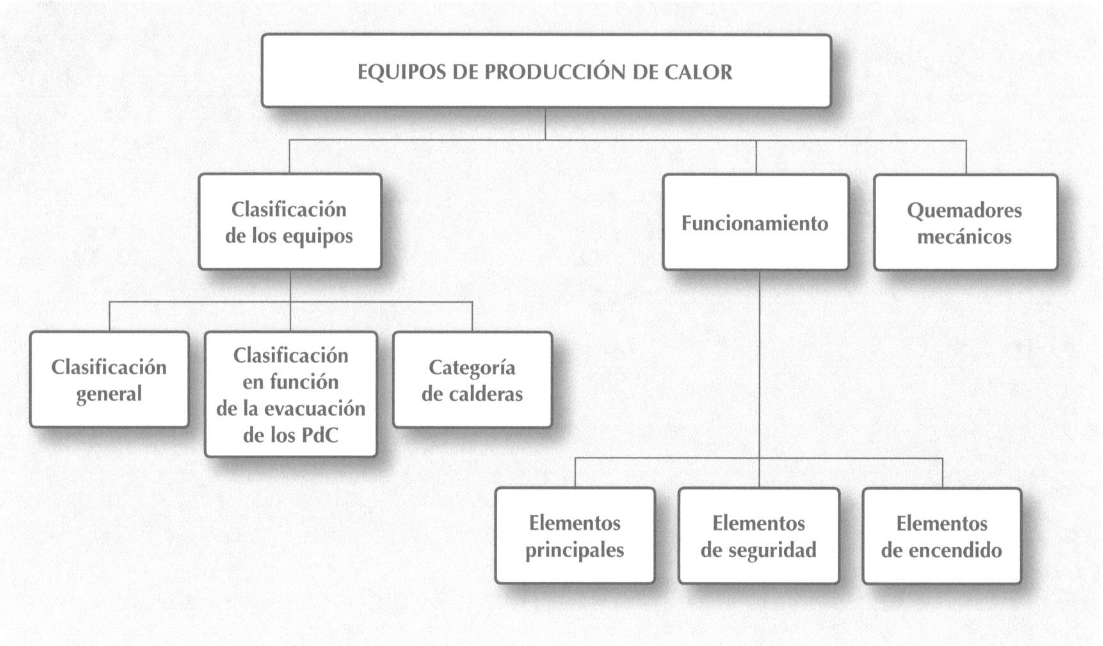

Glosario

Combustible. Material o producto capaz de liberar energía cuando se oxida.

Combustión. Reacción química de oxidación del carbono presente en los combustibles. Se trata de una reacción exotérmica, es decir, que desprende calor.

GLP. Gases licuados del petróleo. En nuestro uso: propano (C3H8) y butano (C4H10).

Condensación. Paso de estado gaseoso a líquido. En calderas de condensación se produce el paso del agua en estado de vapor presente en los humos a estado líquido.

Punto de rocío de humos. Temperatura a la que se produce la condensación del vapor de agua presente en los humos de combustión.

Termopar. Elemento de medición constituido por dos metales diferentes unidos en uno de sus extremos. El calentamiento del punto de unión genera una diferencia de potencial entre los otros extremos de los metales.

Fotocélula. Dispositivo de electrónico que responde al cambio de la intensidad de la luz que recibe.

2.1. Introducción

En el presente capítulo describiremos los elementos y el funcionamiento de un equipo principal en las instalaciones caloríficas: la caldera. En primer lugar, las calderas se clasifican en función de diferentes parámetros, desde el tipo de combustible, la temperatura del fluido, la evacuación de los productos de combustión, la construcción, etc. Posteriormente se describen los elementos y su funcionamiento. Especial interés tienen los quemadores mecánicos, los cuales se describen en detalle al final del presente capítulo.

SABÍAS QUE...

Los servicios cubiertos por una caldera pueden ser:

- Calefacción
- Calefacción y ACS.

En el primer caso, la caldera solo suministra un fluido caliente que se utiliza para calefacción, mientras que, en el segundo caso, además del fluido de calefacción, se suministra agua caliente sanitaria ACS. A este tipo de calderas se les denomina *calderas mixtas.* Estos dos fluidos nunca se pueden mezclar. El calentamiento del ACS suele ser mediante intercambiador de placas con el agua de calefacción o mediante intercambiador bitérmico con los humos.

En el caso de las calderas mixtas, la producción de ACS puede ser de forma instantánea o con microacumulación. Estas últimas disponen de un pequeño acumulador que hace frente a caudales instantáneos mayores.

En este capítulo nos centraremos en los equipos que utilizan la combustión como base para la generación de calor y su transmisión al fluido caloportador. Una vez producido el calor en los equipos de producción de calor, y distribuido convenientemente a través del fluido caloportador, será emitido en las diferentes dependencias con equipos emisores que aporten las necesidades de calor de cada una de estas. La distribución y la emisión será tratados en los siguientes capítulos.

TOMA NOTA

La combustión es una reacción química del oxígeno (comburente) con los diferentes elementos del combustible, principalmente el carbono (C) y el hidrógeno (H), liberando una determinada cantidad de energía.

Los productos de esta combustión son principalmente CO_2 y H_2O, además de N_2 y O_2. Si la combustión es incompleta, podremos encontrarnos lo que se denomina *inquemados,* principalmente C, H y CO. Además de combustible y comburente, es necesario un foco de ignición para que se inicie la reacción.

La reacción de oxidación del carbono (C) e hidrógeno (H) del combustible tiene lugar mediante su combinación con el oxígeno (O_2), presente en el aire introducido en la combustión. Como combustibles habituales en calderas convencionales tenemos el gasóleo, el gas natural, el butano y el propano.

Tomando como referencia la molécula de metano (figura 2.1), dado que el gas natural es, en su mayor composición este gas, tendremos la siguiente reacción química de oxidación.

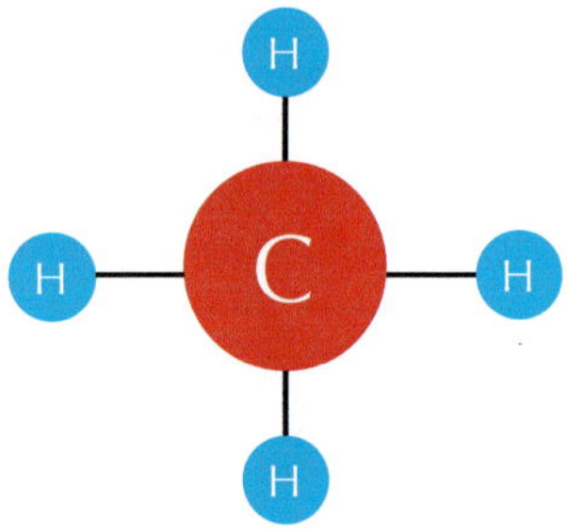

Figura 2.1
Representación gráfica molécula metano.

La combustión del metano tendrá la siguiente expresión química:

$$CH_4+2O_2 \rightarrow CO_2+2H_2O$$

En esta reacción química solo se han tenido en cuenta los componentes principales tanto del combustible como del comburente. El combustible puede tener restos de otros gases o impurezas que también entrarían en la combustión, y el comburente es el aire ambiente, por lo que, además del 21 % de O_2, se introduce un 78 % de N_2 y 1 % de impurezas, que darán productos de la combustión (PdC) que, en determinados casos, habrá que considerar.

PARA SABER MÁS

El componente principal del aire ambiente es nitrógeno (N_2). Este nitrógeno se oxida formando compuestos de monóxido de nitrógeno (NO) y dióxido de nitrógeno (NO_2). La suma de las cantidades de estos compuestos que emite una caldera se denominan NO_X y son gases contaminantes y presentan afecciones sobre la salud humana (inflamación de las vías aéreas, afecciones de órganos, como hígado o bazo, o de sistemas, como el sistema circulatorio o el inmunitario, que propician a su vez infecciones pulmonares e insuficiencias respiratorias) y sobre el medioambiente (acidificación y eutrofización de ecosistemas, afecciones metabólicas, limitación del crecimiento vegetal, etc.).

Existe una clasificación de las calderas en función de la cantidad de NO_X que emiten, que se recogen en las normas UNE EN 483 y la UNE EN 297 A5. Esta clasificación va desde la clase 1, que emite menos de 260 mg de NO_X por cada kWh producido, hasta la clase 5, que emite menos de 70 mg de NO_X por cada kWh producido.

Las únicas calderas cuya instalación está permitida a raíz de la última modificación del RITE son las calderas de clase 5.

En la reacción de oxidación del metano se desprende 213 kcal/mol. El análisis de los parámetros de la combustión se analizará en el capítulo 7, para conocer los factores que afectan a la puesta en marcha de las calderas. Como veremos, esta reacción química se denomina *estequiométrica*, y analiza la cantidad teórica de combustible, comburente y PdC. La combustión real se realiza con exceso de aire, de modo que nos aseguremos de que no se producen inquemados. A este exceso de aire se le denomina λ, y relaciona la cantidad de aire que se introduce en la combustión real con el aire estequiométricamente necesario. Los valores de λ habituales son de 1,2 a 3, dependiendo del tipo de combustible. Esto quiere decir que se introduce entre un 20 % a 300 % más del aire necesario para que se produzca una buena combustión.

Actividad propuesta 2.1

Utiliza las fórmulas químicas de los tres combustibles gaseosos frecuentemente utilizados en calderas y escribe su reacción de combustión, considerando solo los componentes principales de combustible y comburente.

Gas natural (metano) CH_4
Propano C_3H_8
Butano C_4H_{10}

2.2. Clasificación de los equipos de producción de calor

En el presente apartado se describen diferentes tipologías de calderas, utilizando para ello distintas clasificaciones en función de varios parámetros.

2.2.1. Clasificación general

La tipología de los equipos de producción de calor es muy diversa, pero trataremos de simplificar la catalogación. La clasificación puede hacerse en función de varios parámetros que se analizan a continuación. En el cuadro 1.1 vemos un esquema de cómo se clasifican, de forma general, las calderas:

CUADRO 2.1
Clasificación general de las calderas

Calderas	Tipo
El tipo de combustible	Calderas de combustibles sólidos Calderas de combustibles líquidos Calderas de combustibles gaseosos
El tipo de construcción	Calderas pirotubulares Calderas acuotubulares
El material de construcción	Calderas de chapa de acero Calderas con cuerpo de fundición Calderas de acero inoxidable
Los servicios que atienden	Calderas calefacción Calderas mixtas Calderas industriales

[.../...]

CUADRO 2.1 (CONT.)

Calderas	Tipo
El fluido caloportador utilizado	Calderas de agua caliente Calderas de agua sobrecalentada Calderas de vapor Caderas para aceite térmico
La temperatura de salida de humos	Calderas estándar Calderas de baja temperatura Calderas de condensación
La forma de colocación	Calderas murales Calderas de pie

A) Calderas en función del tipo de combustible

- *Calderas de combustibles sólidos:* Originariamente se ha utilizado el carbón y sus derivados, tomando en los últimos años relevancia las calderas de *pellet* por su consideración como biomasa.
- *Calderas de combustibles líquidos:* utilizan el fueloil y el gasóleo para la combustión. Son calderas más limpias que las de combustibles sólidos y necesitan menor mantenimiento. Estas calderas han sufrido un proceso de sustitución por calderas de gas en zonas urbanas y por calderas de *pellet* en zonas rurales, aunque aún es frecuente el uso de calderas de gasoil en determinadas instalaciones. Para que la combustión de los líquidos se realice de forma adecuada, es necesario el uso de quemadores especiales, que pulverizan el líquido mezclándolo con aire para asegurar una buena combustión. Estos tipos de quemadores llamados *quemadores mecánicos* se tratarán en un apartado específico del presente capítulo.
- *Calderas de combustibles gaseosos:* son cada vez más utilizadas, tanto en pequeñas potencias en uso doméstico como en grandes potencias en uso industrial. Utilizan generalmente gas natural en las zonas donde se dispone canalizado o GLP (butano o propano) en botella.

SABÍAS QUE...

La norma UNE 437:2003+A1 clasifica a los gases utilizados en combustión en tres familias. Estas familias agrupan gases que tienen características similares de combustión. Los gases utilizados en España en la actualidad en aparatos de combustión a gas son:

- Gas natural → Segunda Familia (grupo H).
- Butano → Tercera Familia (grupo B).
- Propano → Tercera Familia (grupo P).

Además de la agrupación por familias, a su vez, en cada familia existe una diferenciación por grupo.

En los aparatos vendrán los tipos de gases con los que la caldera puede trabajar, correspondiéndose con las siguientes designaciones de gases tipo que aparecen en la norma:

G20 - gas natural CH_4 = 100 %.
G30 - butano C_4H_{10} = 100 %.
G31 - propano C_3H_8 = 100 %.

Las presiones de trabajo se corresponderán con los siguientes valores nominales:

G20 - 20 mbar.
G30 - 28 mbar.
G31 - 37 mbar.

Como puede verse, cada combustible trabaja a una presión determinada, por lo que cada caldera estará preparada para trabajar con un tipo de combustible determinado. Trabajar con combustibles diferentes para los que la caldera está preparada puede darnos problemas de desprendimiento de llama o de retroceso de llama, con las consiguientes anomalías y peligros en la instalación. Existen calderas que pueden trabajar con gases de diferentes familias, para lo cual debe venir especificado en la ficha de características. Esta circunstancia se determina mediante la categoría de la caldera, lo que se explica en los siguientes apartados de este capítulo.

Además de la división anterior, en función de combustible utilizado, podemos diferenciar los equipos de producción de calor de acuerdo a su tipología de construcción, servicios aplicados, según el fluido caloportador y las condiciones de producción, según la temperatura de salida de humos, según su colocación, etc. A continuación, describiremos las diferentes tipologías que podemos encontrarnos en los equipos de producción de calor.

B) Calderas en función de la tipología de construcción

- *Calderas pirotubulares.* En este tipo de calderas, los humos procedentes de la combustión pasan a través de tubos que se encuentran inmersos en el agua de la caldera. Los tubos de humos disponen de turbuladores que mejoran la transferencia de calor entre los humos y el agua. En la figura 2.2 podemos ver el cuerpo de caldera seccionado con los recorridos de humos.

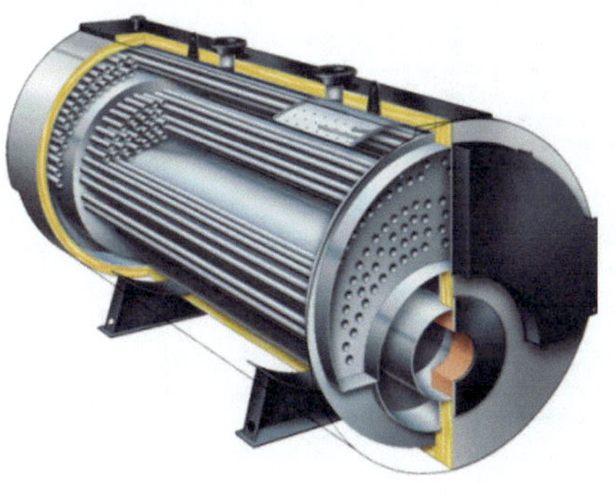

Figura 2.2
Caldera vapor pirotubular.
(*Fuente*: Viessmann).

- *Calderas acuotubulares.* En estas calderas lo que recorre el interior de los tubos es agua, transfiriendo el calor por los humos que pasan por el exterior de estos. Sus aplicaciones son más industriales para la producción de vapor a altas presiones y temperaturas.

TOMA NOTA

Para mejorar la transmisión de calor entre los humos y el agua, las calderas suelen tener varios pasos de humos, de manera que estos recorren varias veces la longitud de la caldera desde el hogar hasta la caja de humos de salida a chimenea. Podemos tener calderas con dos pasos de humos o calderas de tres pasos (figura 2.3).

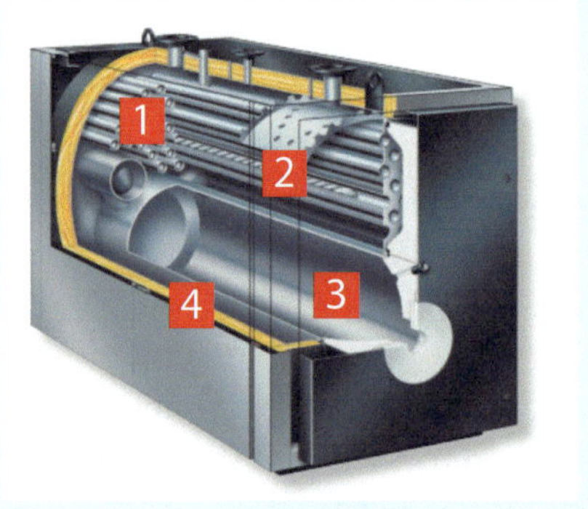

1. Tercer paso de humos
2. Segundo paso de humos.
3. Cámara de combustión (hogar).
4. Aislamiento térmico.

Figura 2.3
Caldera de tres pasos de humos.

C) Calderas según el material de construcción

- *Calderas de chapa de acero.* Son calderas convencionales de pequeña potencia y de tipología mural, en las que la parte principal se utiliza la chapa de acero conformado. Sobre el chasis de chapa de acero se van colocando los diferentes elementos de la caldera.
- *Calderas con cuerpo de fundición.* Están formadas por elementos de fundición unidos entre sí mediante vástagos. En función de la potencia de la caldera, se van añadiendo elementos.

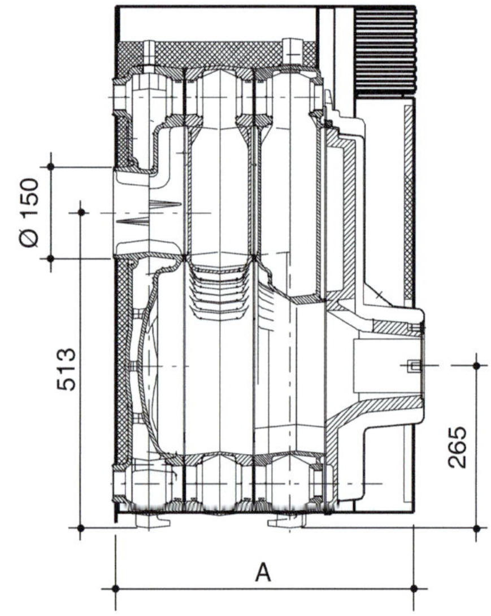

Figura 2.4
Plano caldera Lidia con cuerpo de fundición.
(*Fuente*: Baxi).

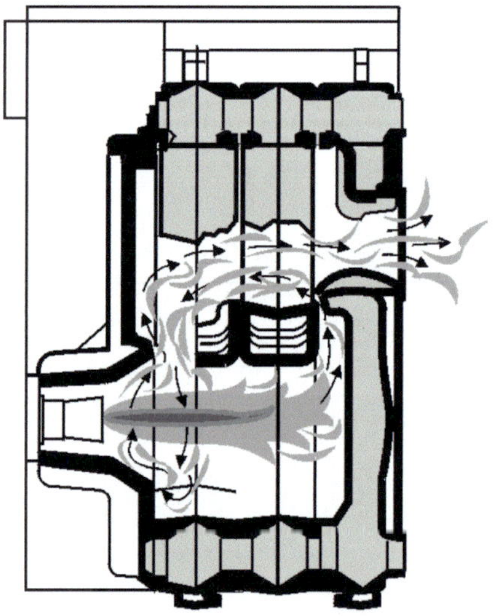

Figura 2.5
Transferencia de calor en caldera de fundición.
(*Fuente*: Baxi).

La transferencia de calor se realiza en pequeñas calderas mediante un solo paso de humos desde el hogar o cámara de combustión a los elementos de fundición. En la figura 2.5 puede verse la configuración de la caldera como unión de tres elementos. Se incluye el elemento para anclaje del quemador en el primer elemento y la salida de humos en el elemento final.

- *Calderas de acero inoxidable.* En las calderas de condensación se ha introducido este material para soportar las condiciones de los condensados. Los materiales utilizados en las calderas convencionales no soportarían la acidez de los condensados producidos en estas calderas.

D) Calderas en función de los servicios que atienden

- *Calderas calefacción.* Estas calderas están destinadas al suministro de fluido para calefacción de forma exclusiva.
- *Calderas mixtas.* Estas calderas, además del suministro de agua para calefacción, pueden suministrar agua para ACS. La forma de preparación de este ACS puede variar en función de la tipología de las calderas y del fabricante. Algunos fabricantes optan por intercambiador bitérmico con los humos, y otros por los intercambiadores de placas entre agua de calefacción y el ACS. La producción de ACS, a su vez, puede hacerse en forma instantánea, con microacumulación o mediante acumulador externo para grandes consumos instantáneos.
- *Calderas industriales.* Su función es producir agua o vapor destinados al proceso industrial en cuestión.

E) Calderas en función del fluido caloportador utilizado

- *Calderas de agua caliente.* Son las calderas de uso doméstico o pequeño terciario. La presión de trabajo se encuentra por debajo de los 3 bar y la temperatura de agua inferior a 110 °C.
- *Calderas de agua sobrecalentada.* Para poder conseguir mayor temperatura de agua sin que se produzca su vaporización se trabaja con presiones en torno a los 14 bar. De este modo se consigue trabajar con agua en estado líquido con temperaturas superiores a los 110 °C. Su ámbito de aplicación es reducido.
- *Calderas de vapor.* Son calderas que calientan el agua de su interior hasta su vaporización. Su empleo está más extendido en la industria, sobre todo en el sector agroalimentario.
- *Caderas para aceite térmico.* Estas calderas se emplean casi de forma exclusiva a la industria. El fluido caloportador es un aceite térmico, cuyas propiedades hacen que mejore las condiciones de trabajo del fluido y se adecue las temperaturas a las necesidades del proceso.

F) En función de la temperatura de salida de humos

- *Calderas estándar.* La temperatura de salida de humos se encuentra por encima de los 140 °C, y en algunos casos pueden llegar a los 220 °C. Son calderas en las que los retornos de agua de calefacción están por encima de la temperatura de rocío de los humos, por lo que no se producen condensaciones.
- *Calderas de baja temperatura.* Son calderas ya en desuso, en las que se pueden producir condensaciones puntuales debido a temperaturas de retorno bajas. Pueden trabajar con temperaturas de retorno entre 35 °C y 40 °C. Estas calderas ya han sido prácticamente sustituidas por las calderas de condensación.
- *Calderas de condensación.* Estas calderas están diseñadas para poder condensar de forma continua los vapores de agua presentes en los productos de la combustión (PdC). Son las calderas más instaladas en la actualidad por su alto rendimientos y su baja emisión de NOx.

Retomando la reacción de combustión vista en aparatados anteriores, analizamos los productos de la combustión:

$$CH_4 + 2O_2 \rightarrow CO_2 + 2H_2O$$

Como puede verse, uno de los productos principales de la combustión es el agua (H_2O) que, a las temperaturas de salida de humos normales en calderas convencionales (>100 °C), estará en forma de vapor de agua. Las calderas de condensación, mediante el intercambio de calor entre los humos y el agua de retorno, consiguen bajar la temperatura de humos, de modo que se produzca la condensación del vapor de agua presente en los humos.

Las calderas de condensación disponen de bandejas y conducción de estos condensados, los cuales deben ir conducidos a desagüe previa neutralización, dado que los productos condensados poseen carácter ácido. Para evitar la salida de olores desde las instalaciones de desagüe por la caldera, se instalan sifones en las calderas de condensación. En la puesta en marcha de la caldera es necesario llenar dichos sifones con agua limpia e introducir la pastilla neutralizadora para los condensados.

WWW **Recurso web**

Puedes conocer más sobre la tecnología de las calderas de condensación pinchando en el siguiente QR: calderas de condensación.

G) En función de la forma de colocación

- *Calderas murales.* Su ubicación es sobre pared para ahorrar espacio y facilitar la salida de humos. Su potencia suele ser pequeña, en torno a los 30 kW máximo. Su construcción suele ser mediante bastidor y carcasa de chapa conformada. Para atender potencias elevadas, es posible su disposición en cascada, de modo que se atienda la potencia necesaria mediante varias calderas interconectadas. Estas calderas emplean combustibles gaseosos.

Para el montaje de estas calderas sobre la pared, el fabricante suministra junto con la caldera una plantilla de papel con las dimensiones de la caldera, en la que se ubican los taladros necesarios para los elementos de sujeción y la situación de las conexiones hidráulicas y de gas.

- *Calderas de pie.* Estas calderas se sitúan directamente en el suelo o sobre bancadas fijas. Las potencias son variadas, desde pequeñas potencias para calderas domésticas hasta las grandes calderas industriales. Podemos tener calderas de pie que trabajen con combustibles sólidos, líquidos y gaseosos.

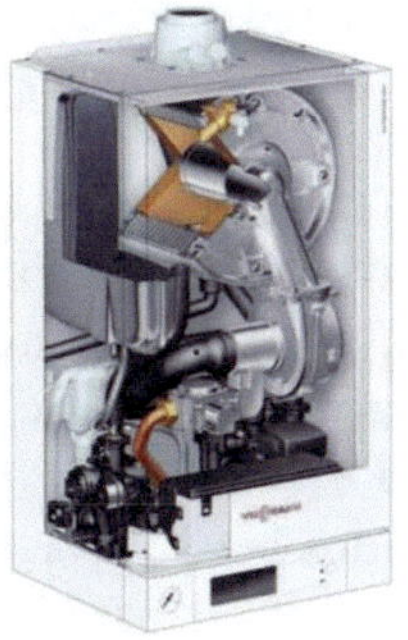

Figura 2.6
Caldera de mural de condensación.
(*Fuente*: Viessmann).

Figura 2.7
Caldera de pie.
(*Fuente*: Baxi).

2.2.2. Clasificación en función de la forma de evacuación de los PdC

Otra forma de clasificación de los equipos de producción de calor que funcionan con combustibles gaseosos es según su forma de evacuación de los productos de la combustión. Esta clasificación se refleja en la norma UNE-CEN/TR 1749 IN. Esta clasificación divide los equipos en tres tipos: A, B o C. Además, incluye dos subíndices para cada tipo, con el significado que veremos a continuación:

- *Tipo A:* son equipos que no están destinados a conectarse a un conducto ni un dispositivo de evacuación de los productos de la combustión (PdC) hacia el exterior del local donde están instalados. Se utilizan principalmente en cocinas para calentamiento y no se incluyen en los contenidos del módulo.
- *Tipo B:* son equipos destinados a conectarse a un conducto de evacuación de los productos de la combustión (PdC) hacia el exterior del local donde están instalados y toman el aire comburente directamente del local en el que están instalados los equipos. Son los equipos llamados *atmosféricos.*
- *Tipo C:* aparato en el que el circuito de combustión es estanco frente al local en el que está instalado el equipo. El aire de combustión circula desde el exterior, pasando por el conducto de aspiración, cámara de combustión, intercambiador de calor y sale al exterior sin entrar en contacto con el local del aparato. Son los equipos llamados *estancos.*

www

Recurso web

Puedes conocer los significados de los subíndices en cada uno de los tipos a los que se refiere la norma UNE-CEN/TR 1749 IN, expuestos de forma gráfica, en la Guía Técnica del IDAE n.º 16 sobre instalaciones de calefacción individual, que puedes descargar a través del siguiente código QR.

2.2.3. Categoría en las calderas de combustibles gaseosos

Como se ha explicado en aparados anteriores, existen aparatos de producción que pueden trabajar con gases de diferentes familias. Esta característica se especifica mediante la categoría de la caldera. Los gases con los que puede trabajar una caldera convencional son gas natural (G20), propano (G31) y butano (G30). El primero corresponde a la familia 2 y los dos GLP a la familia 3, siendo del grupo P el propano y del grupo B el butano.

Los aparatos de categoría I son aparatos diseñados para trabajar con una única familia y un único grupo. Considerando solo los gases G20, G30 y G31 para España, de categoría I podríamos tener las siguientes:

- Categoría I_{2H}: utilizan los gases del grupo H de la segunda familia a presión fijada.
- Categoría $I_{3B/P}$: utilizan los gases del grupo B y P (butano y propano) de la tercera familia.
- Categoría I_{3B}: utilizan los gases del grupo B (butano) de la tercera familia.
- Categoría I_{3P}: utilizan los gases del grupo P (propano) de la tercera familia.

Los aparatos de categoría II son aparatos diseñados para trabajar con gases de dos familias. Considerando solo los gases G20, G30 y G31 para España, de categoría II podríamos tener las siguientes:

- Categoría $II_{2H\ 3B/P}$: utilizan los gases del grupo H de la segunda familia y los gases del grupo B y P (butano y propano) de la tercera familia.
- Categoría $II_{2H\ 3B}$: utilizan los gases del grupo H de la segunda familia y los gases del grupo B (butano) de la tercera familia.
- Categoría $II_{2H\ 3P}$: utilizan los gases del grupo H de la segunda familia y los gases del grupo P (propano) de la tercera familia.

Podemos encontrarnos otros símbolos, sobre todo en los aparatos que trabajan con gases de la tercera familia, como por ejemplo el 3+. Con estos aparatos podemos pasar de butano a propano con intervención en el aparato.

Los aparatos de categoría III están destinados al uso de gases de las tres familias. Estos aparatos no son de uso general. Los gases de la primera familia no son utilizados de forma convencional en nuestro país.

Además, existen otras designaciones para equipos que disponen de regulación de presión y permiten trabajar con varios tipos de gases sin intervención, para lo cual remitimos al texto completo de la norma UNE 437:2003+A1.

La categoría del aparato es un dato que debe aparecer en la placa de características del equipo, de acuerdo a lo especificado en el Reglamento Técnico de Distribución y Utilización de Combustibles Gaseosos.

La adaptación de los aparatos a gas para trabajar con un gas diferente al regulado, dentro siempre de los gases para los que está destinado a trabajar según la categoría del aparato, debe hacerse por un instalador de categoría B, de acuerdo a la ITC-IG-09 del Reglamento Técnico de Distribución y Utilización de Combustibles Gaseosos.

Actividad propuesta 2.2

Sobre la placa de características del equipo de producción de calor siguiente, determina los tipos de gases con los que este podría trabajar.

2.3. Funcionamiento de las calderas de combustibles gaseosos

Una vez conocidas las diferentes tipologías de equipos de producción de calor que podemos encontrarnos, vamos a centrarnos en las calderas de combustibles gaseosos, los más utilizados en la actualidad. Para ello describiremos los elementos fundamentales de los equipos, para posteriormente pasar a desarrollar su funcionamiento.

Recurso web

www

Puedes descargar el manual de instalación de la caldera Victoria Condens de la marca Baxi a través del siguiente QR.

En el apartado de funcionamiento, veremos cómo han evolucionado las calderas desde las más antiguas, totalmente hidráulicas, hasta las más modernas, basadas en la electrónica. Para poder describir el funcionamiento es necesario previamente conocer los elementos que la componen, cosa que se hará en los siguientes apartados. Para ello dividiremos los elementos en componentes generales, dispositivos de encendido y dispositivos de seguridad.

2.3.1. Componentes generales

En el apartado de componentes generales se han incluido los elementos que incluyen de forma genérica la mayoría de las calderas, independientemente de que algunos fabricantes utilicen unas u otras tecnologías en sus diferentes modelos. Estos componentes tienen unas funciones concretas como puede verse en el cuadro 2.2. A continuación, analizaremos cada uno de ellos, describiendo su función en el funcionamiento de la cadera.

CUADRO 2.2
Elementos comunes a todas las calderas y funciones principales

Componentes	Funciones principales
Cuerpo de gas	• Proporcionar combustible en condiciones adecuadas para la combustión.
Rampa de inyectores	
Quemador	• Realizar la mezcla de combustible y comburente.
Cámara de combustión	
Intercambiador de calor	• Favorecer la transmisión del calor entre humos y agua.
Cortatiros	• Evacuar productos de la combustión al exterior.
Extractor	
Bomba de recirculación	• Proporcionar la energía necesaria al fluido caloportador para circular hasta los emisores.

A) Cuerpo de gas

El cuerpo de gas o la válvula de gas es la encargada de dar paso al gas desde la tubería de entrada al equipo hasta el colector de la caldera. Desde este colector, en el que se encuentran los inyectores, el gas llega al quemador.

Figura 2.8
Válvula de gas electrónica.

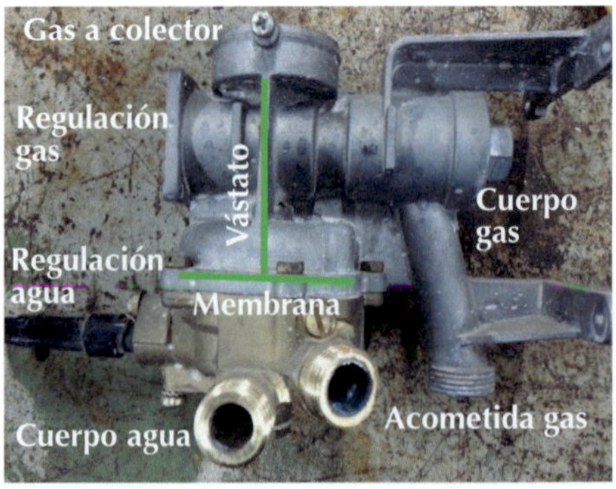

Figura 2.9
Cuerpo de agua y gas (válvula de gas).

Las válvulas que puedes ver en la figura 2.8 se ubican en la mayoría de las calderas modernas. Las antiguas calderas hidráulicas disponían de válvulas que se abrían por un vástago operado por la membrana del cuerpo de gas. La configuración de estas válvulas hidráulicas puede observarse en la figura 2.9.

Como puede verse en la figura 2.10, la unión entre el cuerpo de agua y el cuerpo de gas se realiza mediante la membrana. Esta, por la actuación de una diferencia de presiones entre sus dos caras, se deforma y desplaza el vástago, el cual abre la válvula de gas. La diferencia de presiones entre las caras de la membrana se propicia gracias al efecto Venturi en el cuerpo de agua.

Figura 2.10
Cuerpo agua y gas (membrana).

Recurso web

www

Puedes ver el proceso de cambio de membrana en una caldera mixta pinchando en el código QR. En este caso es la membrana de una válvula diversora para calentamiento de ACS en una caldera con intercambiador de placas. Esta válvula detecta la demanda de ACS y, para calentarla, modifica el paso del agua caliente procedente del intercambiador monotérmico de humos hacia el intercambiador de placas, en lugar de hacia el circuito de calefacción. Cambio de membrana.

En el caso de la caldera del vídeo, la apertura de la válvula de gas se realiza mediante electroválvula activada mediante la placa electrónica cuando se demanda el encendido de los quemadores.

B) Rampa de inyectores

Una vez el gas sale de la válvula, es necesario distribuirlo hasta los quemadores. Para ello se dispone de un colector en el que se insertan los inyectores (figura 2.11).

El calibre de los inyectores depende del tipo de gas utilizado, de modo que la salida de gas se realice de forma apropiada y adecuada para la combustión. Las diferentes presiones de trabajo de los gases utilizados en calderas hacen que deban sustituirse los inyectores si cambiamos el gas y si la categoría de la caldera lo permite, para que la velocidad de la reacción del gas sea adecuada a la velocidad de salida por los inyectores. De esta manera que no se producirá desprendimiento o retroceso de llama.

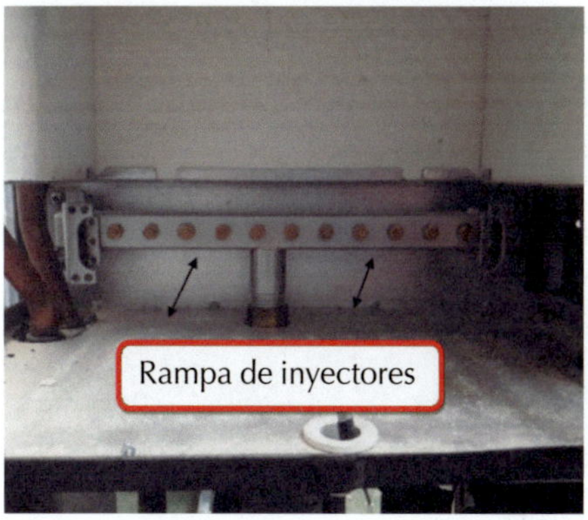

Figura 2.11
Cámara de combustión de caldera. Colector e inyectores.

C) Quemador

El gas de cada inyector se mezcla con una cantidad de aire primario y entra en los quemadores, donde se produce la mezcla de gas y aire que posteriormente se quemará en la parrilla de quemadores (figura 2.12).

En la figura 2.13 se observa todo el conjunto para alimentación de gas y quemadores de una caldera. Podemos ver la entrada de gas, la electroválvula de gas, el colector con los inyectores y los quemadores de la parte trasera; los quemadores de la parte derecha del colector se han desmontado para que se puede apreciar el detalle.

Figura 2.12
Conjunto de quemadores en calentador ACS.

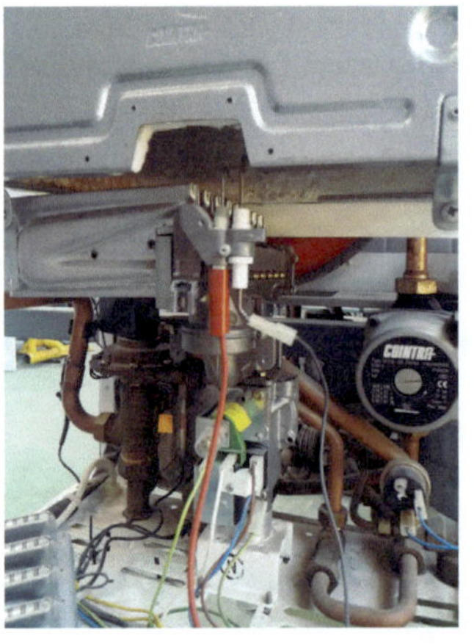

Figura 2.13
Conjunto de gas caldera.

D) Cámara de combustión

A la zona donde se produce la combustión se la denomina *cámara de combustión*. Está situada entre el quemador y el intercambiador de calor humos-agua. Su función es favorecer la combustión y que esta se produzca en las mejores condiciones y con las menores pérdidas de calor.

La disposición de una cámara de combustión de una caldera convencional puede verse en la figura 2.14. Esta configuración de quemadores y cámaras de combustión cambia drásticamente en las nuevas calderas de tecnología de condensación, donde el quemador y la cámara de combustión se asemejan más a una caldera con quemador mecánico, como pude apreciarse en la figura 2.15.

Figura 2.14
Cámara de combustión en caldera de gas.

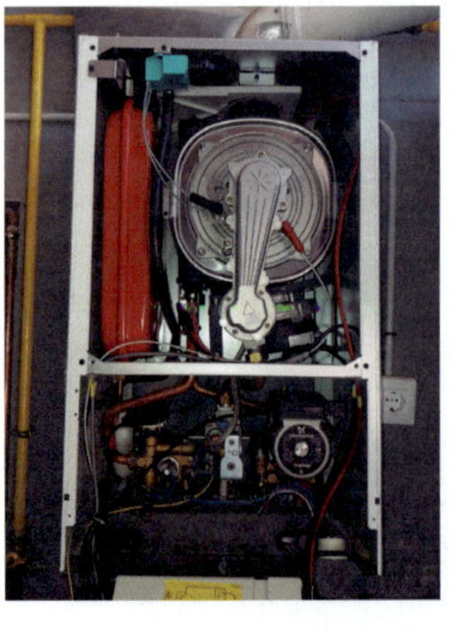

Figura 2.15
Vista general de caldera de condensación.

E) Intercambiador de calor

El intercambiador de calor humos-agua es el encargado de transmitir el calor procedente de los humos al agua. Generalmente está compuesto por un circuito de cobre por el que pasa el agua y aletas de aluminio para mejorar la transferencia.

TOMA NOTA

El calentamiento del ACS en las calderas puede hacerse de los siguientes modos:

- Intercambiador bitérmico humos-agua. En esta solución, tanto el circuito de agua para calefacción como el circuito de ACS, sin mezclarse en ningún momento, pasan por el intercambiador térmico e intercambian calor con los humos. Puede verse su configuración en la figura 2.16.
- Intercambiador monotérmico de humos e intercambiador de placas agua-agua. En este caso el circuito de agua de calefacción es el único que intercambia calor con los humos. El circuito de ACS recibe el calor en un intercambiador, generalmente de placas, del agua de calefacción. Esta agua de calefacción, cuando hay demanda de ACS, en lugar de circular hacia el circuito de calefacción de la instalación, lo hace en circuito cerrado solo entre el intercambiador de humos y el intercambiador de placas. Este cambio de circuito se realiza mediante una válvula diversora, que puede estar accionada hidráulicamente mediante vástago y membrana en las calderas más antiguas, o mediante servomotor en las calderas más modernas, como es el caso de la caldera de la figura 2.15.

F) Cortatiros

Este elemento solo se encuentra en equipos con tiro natural. Es el encargado de favorecer la salida de humos y dar paso a estos desde la cámara de combustión al conducto de evacuación. La configuración del cortatiros hace que los productos de la combustión, por el efecto de su menor densidad que el aire ambiente debido a su temperatura, pasen hacia el conducto de evacuación. El cortatiros genera una depresión que conducen los humos hacia el conducto, ayudados por la entrada de aire de la sala para ayudar en la salida.

Figura 2.16
Intercambiador bitérmico.
(*Fuente*: Ferroli).

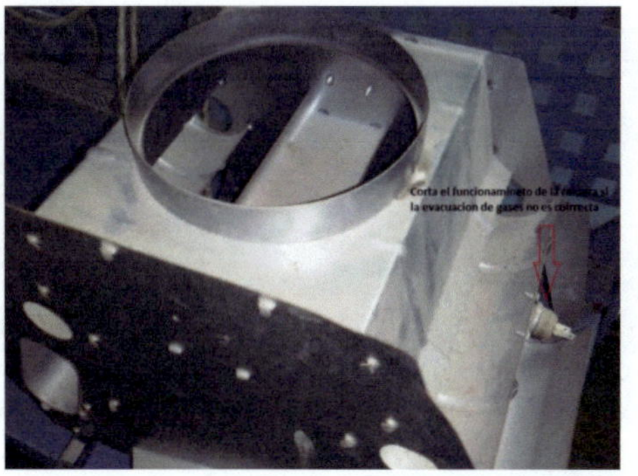

Figura 2.17
Vista superior de cortatiros con sistema BS.

PARA SABER MÁS

El sistema BS es un elemento de seguridad que consiste en un termostato instalado en el cortatiros, tal y como puede verse en la figura 2.17. En funcionamiento normal, este termostato toma la temperatura del aire que entra al cortatiros para ayudar a la evacuación de los productos de la combustión. A temperatura ambiente, el termostato mantiene su contacto cerrado. En caso de revoco por obstrucción del conducto de evacuación, se produce salida de humos por las lamas del cortatiros a temperatura de humos, que podría ser de 180 °C en las calderas convencionales. En este caso el termostato BS abre el circuito. El termostato BS está en serie en un circuito eléctrico entre el termopar y la bobina de la válvula de gas. Si abre el BS, se produce el cierre de la válvula de gas y el paro de la caldera por seguridad ante el revoco.

G) Extractor

Este elemento ayuda a la evacuación de los productos de la combustión. Se trata de un motor con turbina de pequeñas dimensiones situado en la zona de recogida de humos posterior a la cámara de combustión, que impulsa los humos hacia el conducto. Según se ha podido ver en apartados anteriores, existen calderas con el ventilador situado antes del quemador, sobre todo en las nuevas calderas murales de condensación. En este caso, el ventilador impulsa aire al quemador, favoreciendo la mezcla de este con el combustible. En calderas más antiguas con quemadores convencionales, lo usual es que se sitúen como ventilador de extracción después del quemador, como es el caso de la caldera de la figura 2.18.

H) Bomba de recirculación

Los circuitos de calefacción, al ser circuitos cerrados, necesitan un equipo que les proporcione la energía necesaria para la circulación desde los equipos de producción de calor hasta los emisores. Las calderas domésticas, sobre todo las de tipo mural, incorporan la bomba de recirculación (figura 2.19). En calderas de mayor potencia, estos equipos de recirculación son externos a la caldera.

Figura 2.18
Extractor situado en la cámara de recogida de humos tras el quemador.

Figura 2.19
Circulador para caldera mural.
(*Fuente*: Baxi).

FUNDAMENTAL

Las bombas de recirculación que se instalan en los equipos de producción suelen tener una posibilidad de regulación de curva mediante un selector, de modo que se pueda adecuar el funcionamiento de la bomba a cada instalación, dependiendo de la pérdida de carga de cada instalación, para garantizar el caudal de circulación por la instalación. En la figura 2.19 puede verse el selector de tres posiciones para seleccionar la curva de funcionamiento en la puesta en marcha del equipo.

2.3.2. Dispositivos de encendido

Para que se produzca la combustión en la caldera es necesario que se dote de los tres elementos básicos del fuego: combustible, comburente y foco de ignición.

En las antiguas calderas murales se utilizaba una llama piloto que permanentemente estaba encendida, de modo que, cuando había demanda, esta llama se propagaba hasta el conjunto del quemador una vez abierta la válvula de gas general. En las nuevas calderas y en las calderas de potencias medias y altas se utiliza el encendido por chispa eléctrica generada por dos electrodos o por un electrodo y masa. El encendido necesita de:

- Dispositivo generador de chispa.
- Elemento de apertura manual o automática de válvula de gas a llama piloto.
- Transformador.
- Electrodos de encendido.

A) Dispositivo generador de chispa

Como puede verse en la figura 2.20, este dispositivo se compone de pulsador, elemento generador de chispa, cable conductor y electrodo. El pulsador suele estar situado en la parte inferior de la caldera o en su frontal. Con el pulsado se genera una chispa en el electrodo situado cerca de la salida de la llama piloto, con lo que se consigue la ignición de esta.

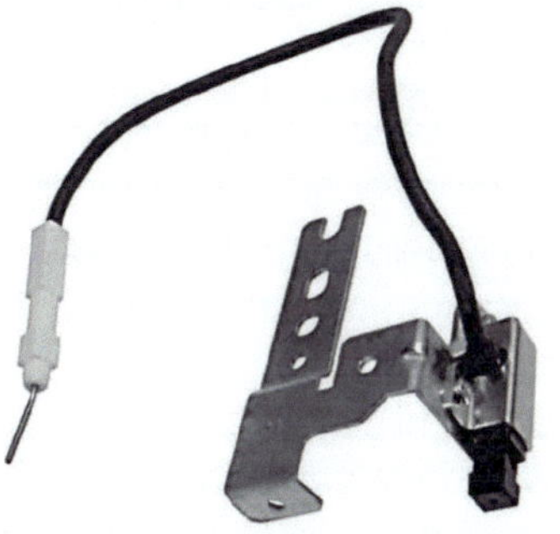

Figura 2.20
Dispositivo piezoeléctrico generador de chispa.
(*Fuente:* Ferroli).

B) Elemento de apertura manual o automática de válvula de gas a llama piloto

Para poder encender la llama piloto, además de la chispa generada por el encendido, necesitamos tener gas en la salida de la llama piloto. Para ello las calderas hidráulicas disponen de una apertura manual de la válvula mediante pulsador. Esta válvula, además de poder abrirse de forma manual mediante el pulsador, dispone de una pequeña bobina (figura 2.21) que mantiene abierta la válvula una vez que el usuario suelta el pulsador. Para poder mantener abierta la bobina de gas a la llama piloto, es necesario generar una pequeña corriente eléctrica que alimente la bobina. Esta corriente se produce en el termopar, situado cerca de la llama piloto. Una vez el termopar está suficientemente caliente y genera suficiente corriente para mantener la bobina retenida, la bobina permanecerá abierta dejando pasar gas a la llama piloto y el usuario puede dejar de presionar el pulsador de encendido, manteniéndose la llama piloto encendida.

FUNDAMENTAL

La bobina se mantiene abierta gracias a la corriente generada en el termopar (figura 2.22). El termopar es un dispositivo de seguridad que se coloca cerca de la llama piloto y que, en contacto con esta, debido a la temperatura, genera la intensidad necesaria para mantener abierta la bobina. En caso de apagado de la llama piloto, esta corriente deja de producirse y la bobina deja de excitarse, cerrando inmediatamente el paso de gas a la llama piloto. Será necesario en este caso comprobar la razón del apagado y en su caso volverla a encender mediante el dispositivo piezoeléctrico.

Figura 2.21
Bobina de apertura de válvula piloto gas.

Figura 2.22
Termopar sin derivación a BS.

Es frecuente que el circuito entre el termopar y la bobina se haga pasar por un termostato dispuesto en el cortatiros de la caldera, de modo que este actúe como seguridad antirrevocos. En el caso de producirse revocos, el termostato corta la alimentación a la bobina de gas y cierra la llama piloto, impidiendo el encendido de la caldera. La disposición del termostato BS puede verse en la figura 2.17.

En el caso de encendido por electrodos, es necesario generar un arco eléctrico entre los dos electrodos o entre un electrodo y masa. Estos electrodos pueden llegar a tener tensiones de 10 kV para conseguir formar el arco, de modo que serán necesarios los siguientes elementos.

C) Transformador

Con el primario a 230 V y salida que puede llegar a 10 kV, es el encargado de transformar la corriente eléctrica de baja tensión a media tensión, necesaria para la producción de arco eléctrico.

Figura 2.23
Transformador de caldera.
(*Fuente*: Danfoss).

D) Electrodos de encendido

Situados cerca de la salida de gas del quemador, generan un arco eléctrico que inicia la ignición.

En la figura 2.24 puede verse la disposición del electrodo de encendido. Además, a modo de resumen, se han situado los diferentes dispositivos descritos hasta el momento sobre la vista de una caldera mural mixta.

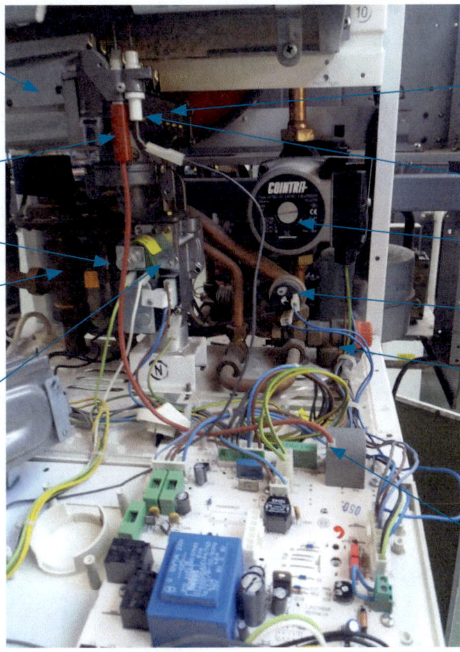

Figura 2.24
Electrodos en caldera mural.
(*Fuente*: IES Heliópolis).

2.3.3. Dispositivos de seguridad

Además de los dispositivos necesarios para el funcionamiento de una caldera, estas disponen de dispositivos de seguridad para detectar posibles anomalías en el funcionamiento. El dispositivo de seguridad compuesto por termopar ya se ha visto y descrito en los apartados anteriores. Además de este, una vez las calderas van incorporando la electrónica, también van mejorando los elementos de seguridad. La función de control de llama puede hacerse mediante:

- Sonda de ionización. Este dispositivo, colocado en contacto con la llama, detecta la presencia de esta mediante la modificación de la corriente que envía a la placa por la presencia de electrones libres en la llama. De este modo, la placa electrónica percibe la presencia efectiva de llama. En caso de que por algún motivo no exista llama, la placa percibe esta situación por la falta de ionización. La disposición de esta sonda de ionización puede verse instalada en la figura 2.24. La utilización de sonda de ionización es más común en calderas murales.
- Fotocélula. Es otro dispositivo de seguridad que controla la presencia efectiva de llama. En ese caso, la fotocélula recibe la energía luminosa de la llama y produce una corriente eléctrica que envía a la placa en caso de presencia de llama. Si no existe llama, la

corriente es nula y la caldera pasa a situación de pasada. La utilización de fotocélula es más común en calderas de pie con quemadores mecánicos.

Otros elementos de seguridad que incorporan las calderas son:

- Termostatos. Se utilizan para controlar la temperatura en los circuitos de agua, tanto en ACS como en agua de calefacción. En calderas murales suelen disponerse como termostatos de contacto sobre la tubería. Pueden ser de regulación o de seguridad. En este último caso el rearme será manual, para que en caso de disparo sea necesario la presencia de mantenedor.
- Presostatos. Podemos tener presostatos de control de humos en calderas estancas y con tiro forzado. En este caso se instalan presostatos diferenciales en la salida de humos, que miden la diferencia de presión entre la aspiración e impulsión del extractor de humos. En caso de que el presostato no mida la suficiente diferencia de presiones cuando la caldera se encuentra en funcionamiento normal, envía un contacto a la placa para señalar la anomalía en el sistema de evacuación de humos. En la figura 2.26 puede verse su disposición, tomando medidas de presión entre impulsión y aspiración del extractor de humos mediante macarrones de plástico.

Figura 2.25
Termostato de caldera.
(*Fuente*: Baxi).

Figura 2.26
Presostato de humos.
(*Fuente*: Ferroli).

En las calderas también podemos tener presostatos de seguridad en el circuito de agua, de modo que, tarados en torno a 1,2 bares, no permiten el funcionamiento de la caldera si la presión en el circuito de agua es inferior a este valor. Su disposición puede verse en la figura 2.24.

Otros elementos que podemos encontrarnos en la instalación de las calderas pueden ser:

- Pirostatos. Estos elementos detectan la temperatura de humos y envían señal de corte a la centralita de control en caso de superar el valor de tarado. Es importante conocer la temperatura de humos en función del tipo de calderas.
- Flujostatos. Son elementos que impiden la puesta en marcha de la caldera en caso de no detectar la puesta en marcha de las bombas de circulación.
- Detectores de gases. Instalados en las salas de caldera, detectan tanto la presencia de gases combustibles como de concentraciones elevadas de gases procedentes de la combustión.

En estos casos envía señal a la central de calefacción para proceder a la parada o al aviso a usuario.

2.3.4. Montaje y funcionamiento de las calderas murales de combustibles gaseosos

Una vez conocemos los elementos principales de las calderas, especialmente de las calderas murales, nos centraremos en describir su montaje y funcionamiento. Las calderas de pie con quemador mecánico disponen de los mismos elementos, aunque su configuración y disposición puedan cambiar. Los siguientes apartados estarán más centrados en estas calderas de pie y en sus quemadores, mientras que este apartado se centra en las calderas murales.

Para la descripción del funcionamiento de la caldera nos apoyaremos en el esquema de una caldera convencional como la que se muestra en la figura 2.27.

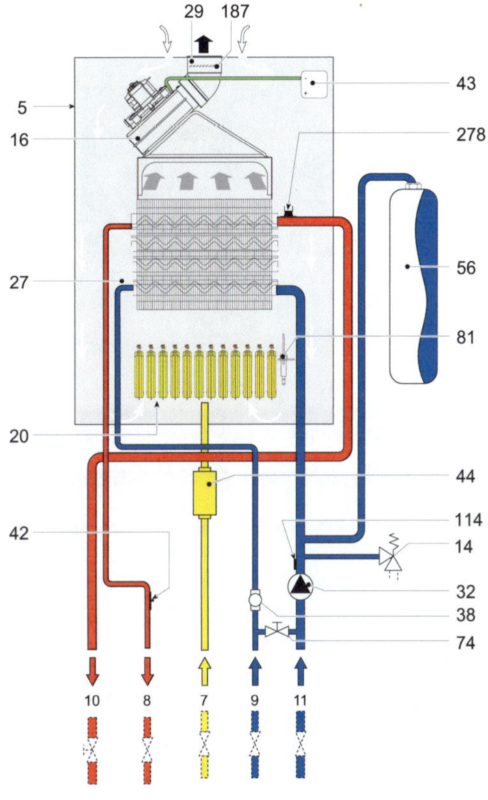

5	Cámara estanca	**38**	Caudalímetro
7	Entrada de gas	**42**	Sensor de la temperatura del agua sanitaria
8	Salida de agua caliente sanitaria	**43**	Presostato del aire
9	Entrada de agua fría	**44**	Válvula de gas
10	Salida de la calefacción	**56**	Vaso de expansión
11	Retorno de la calefacción	**74**	Llave de llenado de la instalación
14	Válvula de seguridad	**81**	Electrodo de encendido y detección
16	Ventilador	**114**	Presostato del agua
20	Grupo de quemadores	**187**	Diafragma de humos
27	Intercambiador de cobre para calefacción y agua caliente sanitaria	**278**	Sensor doble (Seguridad + Calefacción)
29	Colector de salida de humos		
32	Bomba de circulación de la calefacción		

Figura 2.27
Esquema hidráulico de caldera DOMIProyect F24.
(*Fuente*: Ferroli).

La figura anterior corresponde al circuito hidráulico de una caldera relativamente moderna, donde la electrónica ha desplazado a los elementos hidráulicos de las antiguas calderas. La particularidad principal de esta caldera es su intercambiador bitérmico de humos, en el cual se calienta tanto el agua de calefacción como el ACS. No existe por tanto ni válvula diversora ni intercambiador de placas, lo que simplifica el montaje y aligera de elementos el equipo. Otra particularidad de este equipo es que comparte en un mismo dispositivo el encendido y el control de llama. El mismo elemento hace las funciones de electrodo de encendido durante el encendido y de sonda de ionización para el control de llama una vez encendida la caldera. La apertura de gas se hace mediante electroválvula de gas controlada por la placa electrónica.

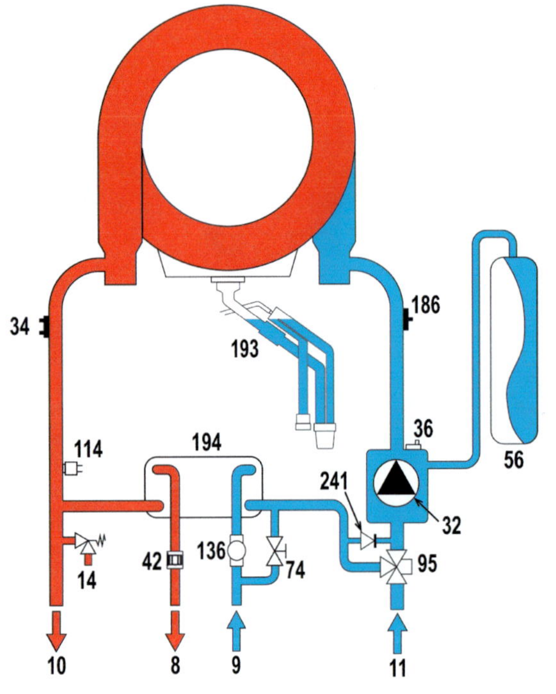

8	Salida de ACS
9	Entrada de AS
10	Ida a calefacción
11	Retorno de calefacción
14	Válvula de seguridad
32	Circulador de calefacción
34	Sensor temperatura calefacción
36	Purgador de aire automático
42	Sonda de temperatura AS
56	Vaso de expansión
74	Llave de llenado de la instalación
95	Válvula desviadora
114	Presostato del agua
136	Caudalímetro
186	Sensor de retorno
193	Sifón
194	Intercambiador AS
241	Baipás automático (dentro del grupo bomba)

Figura 2.28
Esquema hidráulico de caldera BLUEHELIX TECH RRT.
(*Fuente*: Ferroli).

El esquema hidráulico de la caldera de la figura 2.28 corresponde a una caldera mixta de condensación. En este caso por el intercambiador solo pasa el agua de calefacción impulsado por el circulador (32). En situación de demanda de ACS, detectada por el caudalímetro (136), la válvula diversora (95) conduce el agua por el intercambiador de placas (194) en lugar de al circuito de ida (10) y retorno (11) de calefacción. Para el montaje de calderas murales deberemos tener presente varias consideraciones:

- Ubicación de la caldera.
- Conexiones hidráulicas de la caldera.
- Conexión del gas.
- Conexiones eléctricas.
- Conductos de aire y humos.

A) Ubicación de la caldera

Las nuevas calderas estancas pueden ser instaladas en cualquier dependencia sobre una pared de suficiente resistencia, aunque suele ser habitual su instalación en cocinas o lavaderos, lugar de fácil acceso a la distribución de combustible. En los embalajes se proporciona una plantilla para determinar las dimensiones y ubicación de los taladros en la pared para el anclaje de la placa soporte. Hay que prever los espacios para el acceso al mantenimiento posterior, sobre todo cuando la instalación se realiza en el interior de un mueble.

B) Conexiones hidráulicas de la caldera

En las plantillas de instalación referidas anteriormente también vienen reflejadas la ubicación de las conexiones hidráulicas. De este modo conocemos las distancias entre las tuberías. Debemos tener presente la ubicación de la tubería de ida (10) y retorno (11) de calefacción, entrada de agua fría (9) y salida de ACS (8) en caso de caldera mixta, entrada de gas, salida de válvula de seguridad (14) y salida de condensados (193) en su caso. Las calderas modernas mixtas suelen tener una válvula de llenado (74), de modo que desde el circuito de agua fría podamos llenar el circuito de calefacción. Esta válvula es manual y debe permanecer cerrada una vez alcanzada la presión de trabajo. Es conveniente instalar válvulas de corte para el aislamiento de la caldera entre esta y la instalación de distribución.

Las conexiones hidráulicas deben estar bien identificadas en el manual de la caldera y suelen referenciarse como muestra la figura 2.29.

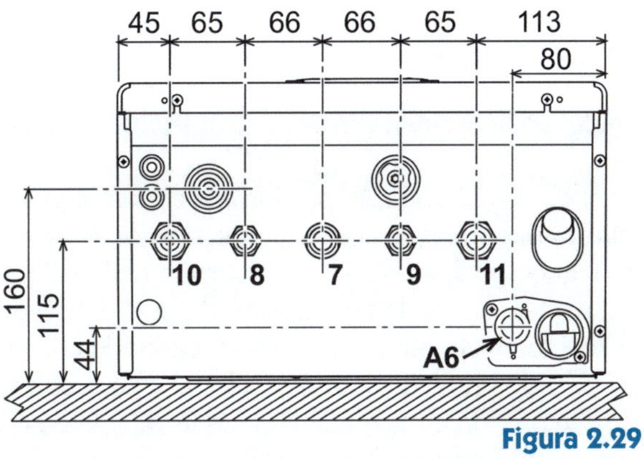

Figura 2.29
Conexiones. Vista inferior en caldera DOMIProyect F24.
(*Fuente*: Ferroli).

Las conexiones hidráulicas se corresponden con la siguiente leyenda:

7. Entrada de gas Ø3/4".
8. Salida ACS Ø1/2".
9. Entrada AF Ø1/2".
10. Ida calefacción Ø3/4".
11. Retorno calefacción Ø3/4".

A6. Descarga válvula seguridad.

WWW **Recurso web**

Puedes conocer más sobre la técnica de instalación de calderas murales en el siguiente código QR:

C) Conexión del gas

Es necesario conectar la toma de gas de la caldera a la red de distribución de gas doméstica o a la botella en caso de GLP. La conexión se realizará mediante tubería apropiada al tipo de instalación, interponiendo siempre una válvula de corte de gas antes de la entrada al aparato. Es necesario comprobar las fugas de gas antes de la puesta en marcha de la caldera.

SABÍAS QUE...

El caudal de combustible en un equipo de producción de calor está directamente relacionado con la potencia del equipo, mediante la fórmula:

$$P = C \times PCI$$

P = potencia [kW]
C = caudal de combustible [kg/h]
PCI = poder calorífico inferior [kWh/kg]

Las unidades consideradas en la fórmula son para combustibles líquidos; en caso de combustibles gaseosos se emplea el caudal en [m^3/h] y el PCI en [kWh/m^3].

Existe una relación entre el caudal que sale por los inyectores de gas al colector y la presión de salida, de modo que, variando la presión de salida del combustible podemos variar el caudal de combustible en el quemador, y con eso, la potencia de la caldera. Este es el fundamento de las calderas modulantes, donde la adecuación de la potencia a las necesidades de calor en cada momento es tenido en cuenta por la caldera, variando el caudal de combustible actuando sobre la presión de este en el quemador. Debemos para ello tener en cuenta los valores máximos y mínimos de presión en la regulación de la válvula de gas que nos indica el fabricante, de modo que no se produzca retroceso ni desprendimiento de llama.

D) Conexiones eléctricas

Las calderas antiguas, al disponer de llama piloto, no necesitaban conexión eléctrica para el encendido ni funcionamiento. Con la llegada de las nuevas calderas totalmente electrónicas, la conexión eléctrica de red es indispensable. Las calderas suelen disponer de cable de alimentación para su conexión a red 230 V. La placa electrónica se encarga de su trasformación y rectificación para el suministro a los circuitos electrónicos y componentes eléctricos. El esquema eléctrico de una caldera moderna de condensación puede verse en la figura 2.30.

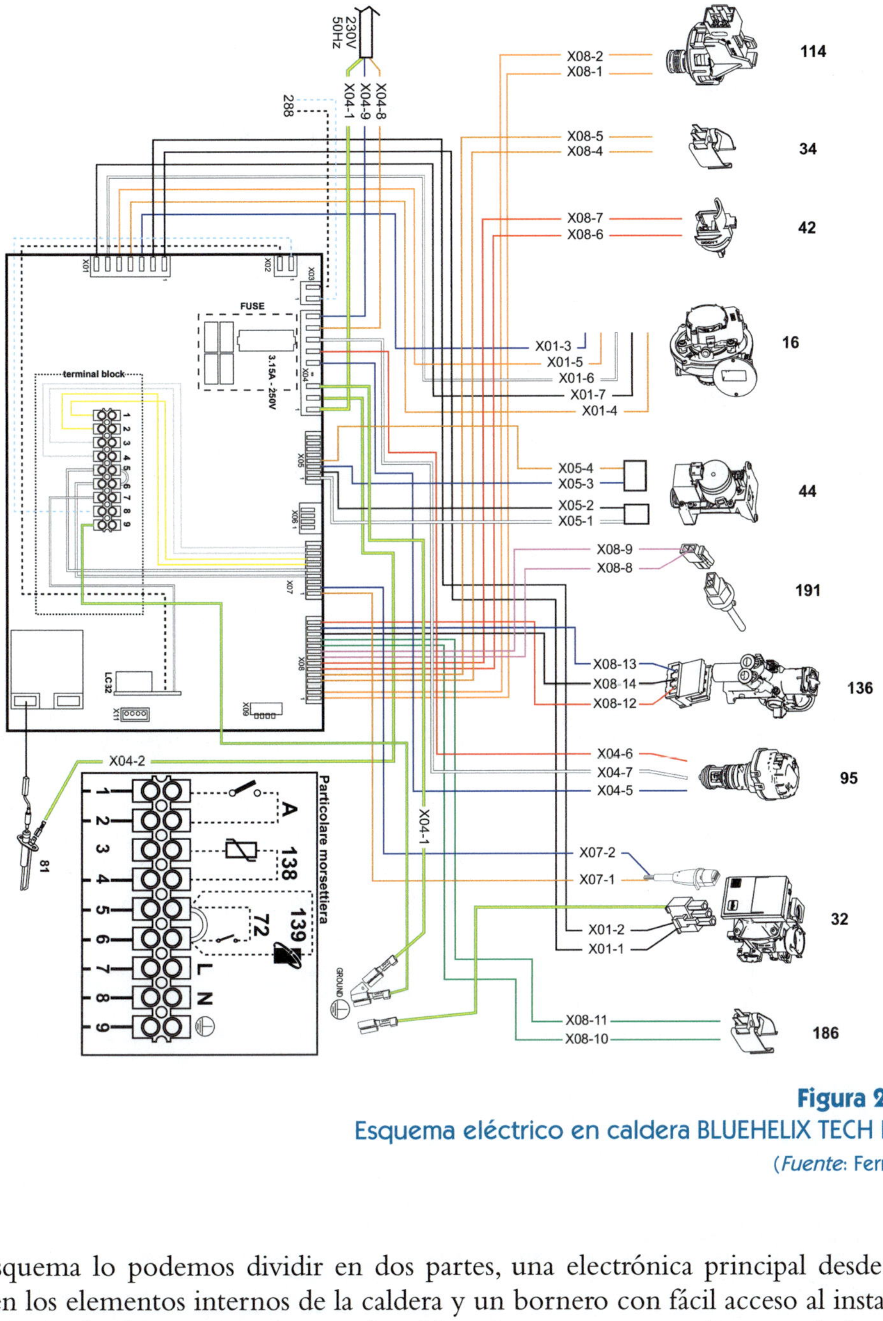

Figura 2.30
Esquema eléctrico en caldera BLUEHELIX TECH RRT.
(*Fuente*: Ferroli).

El esquema lo podemos dividir en dos partes, una electrónica principal desde donde se gobiernen los elementos internos de la caldera y un bornero con fácil acceso al instalador para las conexiones de elementos externos a la caldera. Los componentes internos de la caldera conectados a la placa son:

186. Sonda Tª retorno.
32. Bomba de circulación de calefacción.
95. Válvula diversora.
136. Caudalímetros.
191. Sonda Tª humos.
44. Válvula de gas.
16. Extractor.

42. Sonda Tª ACS.
34. Sonda Tª calefacción.
114. Presostato agua.

Los componentes externos que podemos conectar en el bornero para la instalación, siguiendo la nomenclatura de la figura 2.30, son:

A. Interruptor ON/OFF (configurable).
138. Sonda exterior (opcional).
139. Cronomando remoto (opcional).
L-N-TT. Línea de alimentación. Es importante respetar la fase y el neutro para no causar fallo en la electrónica, por lo que hay que comprobar polos antes de conectar.

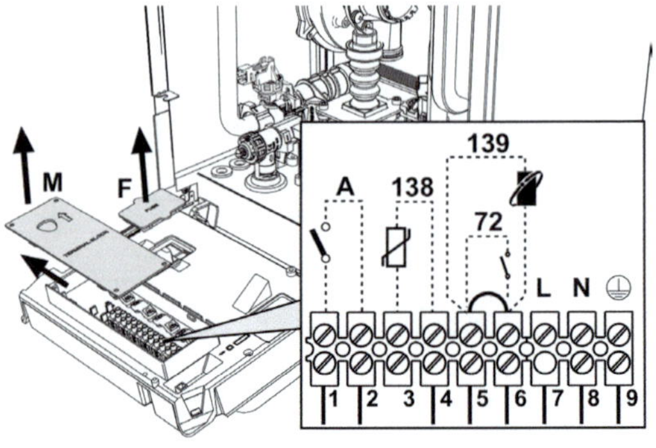

Figura 2.31
Situación y conexiones bornero en caldera mural.
(*Fuente*: Ferroli).

PARA SABER MÁS

La regulación de las calderas con sonda exterior (138) permite regular la temperatura del circuito de calefacción en función de las condiciones climáticas exteriores, con lo que se consiguen mejores condiciones de confort y de ahorro de energía. Para ello la caldera utiliza la información facilitada por una sonda ubicada en el exterior del edificio, preferiblemente situada en una fachada con orientación norte. La caldera adecua la temperatura de impulsión a la temperatura exterior de acuerdo a unas curvas de funcionamiento previamente programadas en la electrónica. Un ejemplo de curvas de compensación puede verse en la figura 2.32.

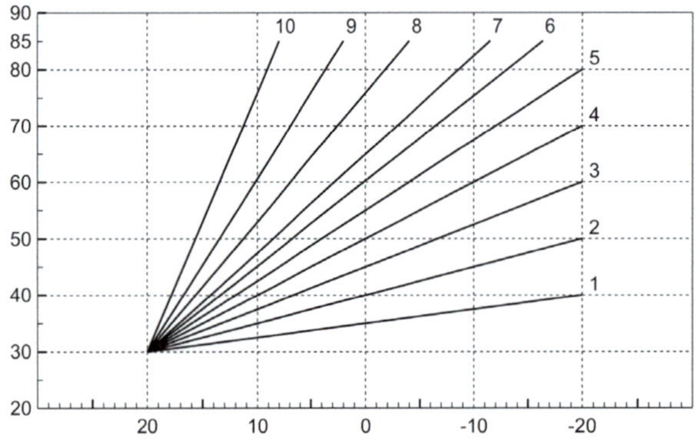

Figura 2.32
Curvas de compensación en función de la T. exterior.
(*Fuente*: Ferroli).

E) Conductos de aire y humos

La conexión de humos en calderas estancas (tipo C) debe hacerse de modo que la entada de aire a la combustión y la salida de los productos de la combustión se realicen a locales diferentes de donde se encuentra instalada la caldera. Para ello tenemos la posibilidad de instalar conductos independientes o conductos concéntricos. Es necesario determinar la longitud máxima del conducto de evacuación de humos, de acuerdo con el manual de instrucciones de instalación del fabricante. Las longitudes de evacuación máximas suelen estar entre 7 y 9 metros, dependiendo de la configuración de tramos verticales u horizontales. Los codos y demás accesorios influyen negativamente en la evacuación al aumentar la pérdida de carga, por lo que hay que evitarlos en la medida de las posibilidades. En caso de necesitar instalarlos, hay que reducir las longitudes máximas de instalacion de conductos que nos recomienda el fabricante en 1 metro por cada codo a 90° y 0,5 metros por cada codo a 45°.

En la salida de la caldera en necesario instalar un accesorio para la conexión a conducto, donde además se encuentran dispuestas las tomas de conexión para la sonda del equipo de análisis de la combustión.

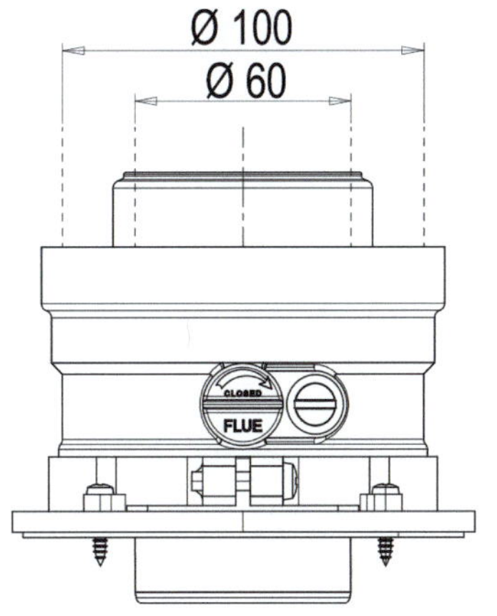

Figura 2.33
Accesorio conexión en conductos concéntricos con toma en ambos conductos.
(*Fuente*: Ferroli).

Actividad propuesta 2.3

Sobre la ficha de características de la caldera BLUEHELIX TECH RRT de Ferroli, determina los valores:

- Caudal de gas G20 máximo.
- Caudal de gas G31 máximo.
- Potencia de la caldera máxima.
- Caudal de gas G20 mínima.
- Caudal de gas G31 mínimo.
- Potencia de la caldera mínima.

¿Podrías con estos datos determinar los PCI de ambos combustibles?

2.4. Calderas de combustibles líquidos

Las calderas de combustibles líquidos serán necesariamente calderas de pie. Las calderas de pie también nos las podemos encontrar con combustibles gaseosos o sólidos. El funcionamiento y características de las calderas de pie se describen en este apartado, tratándose en el siguiente los quemadores característicos de este tipo de calderas.

En la figura 2.34 podemos ver la configuración de una caldera de pie para combustible líquido de mediana potencia.

Figura 2.34
Caldera de pie para 20-58 kW.
(*Fuente*: Baxi).

FUNDAMENTAL

Existe una diferencia entre caldera y grupo térmico. Cuando se hace referencia a la caldera, solo se alude al cuerpo, la carcasa y los elementos internos de esta. Si se habla de grupo térmico, además de la caldera, incluye el quemador y el resto de elementos externos para el funcionamiento de estos. Es por tanto habitual referirse a calderas cuando en realidad nos estamos refiriendo a grupos térmicos, por tratarse del conjunto de calderas y quemador.

La caldera, mediante la configuración por elementos puede llegar desde los 20 kW hasta los 58 kW. Para 20 kW tendríamos 2 elementos, mientras que para 58 kW, la caldera se configura con 6 elementos. Dependiendo de la potencia final de la caldera necesaria, se selecciona el quemador. En la figura 2.35 podemos ver un quemador adecuado para la caldera anterior, para una potencia útil de 29 kW.

Figura 2.35
Quemador Crono 3L para 21-28 kW.
(*Fuente*: Baxi).

Como podremos ver en el siguiente apartado, la regulación de la potencia definitiva de la caldera se realiza con la boquilla del quemador y la presión de combustible, dentro del rango de potencias del quemador seleccionado.

Las calderas de pie, como se ha dicho anteriormente, disponen de los mismos elementos que las calderas murales, por tanto, no se detalla en este apartado su descripción.

El conjunto de quemador y caldera, para potencias medias y altas, quema como en la figura 2.36. Como puede verse, el quemador queda en disposición exterior a la carcasa de la caldera.

TOMA NOTA

No necesariamente debemos asociar las calderas de pie a calderas de combustibles líquidos, dado que en el mercado existen calderas de pie para combustibles gaseosos, incluso disponen de la tecnología de condensación. Del mismo modo, podemos tener calderas de pie para calefacción o calderas de pie mixtas, es decir, para calefacción y ACS.

FUNDAMENTAL

En algunos modelos de potencia mediana de calderas de pie, la bomba de circulación no se encuentra instalada en la caldera, por lo que será necesario dimensionarla y conectarla en la parte exterior de la caldera. Es frecuente que el control de la caldera sí disponga de la alimentación eléctrica a la bomba, de modo que esta funcione automáticamente cuando hay demanda en calefacción.

En estas calderas debemos distinguir dos elementos de control de la instalación. Por un lado, el control general de la caldera, en el que se disponen de los elementos de control de temperatura, presión de la instalación, control horario de funcionamiento, modo de funcionamiento verano-invierno, control del flujo de agua en la instalación, etc. Por otro lado, el control del quemador, que, una vez el control general de la caldera ordena la orden de marcha al quemador, realiza el proceso de arranque de este. La unión entre ambos elementos se realiza mediante un cableado con conector homologado de 7 pines, como el de la figura 2.37. Puedes conocer más sobre este conector en el capítulo 6.

Figura 2.36
Conjunto de caldera y quemador.
(*Fuente*: Ferroli).

Figura 2.37
Conector homologado 7 pines en conexión caldera y quemador.

Otros elementos que debemos comprobar que se encuentran instados en el equipo, o en caso contrario instalarlos en la instalación, son la válvula de seguridad y el vaso de expansión. Dada la variedad de potencias que puede atenderse con una misma configuración de una caldera de pie, lo que manifiesta la variedad de instalaciones en las que pueden ser instaladas, debemos tener en cuenta que la mejor solución es dimensionar los elementos que son susceptibles de variar con las diferentes envergaduras de las instalaciones. Por eso, estas calderas suelen dejar de mano del instalador su dimensionado e instalación de forma externa al equipo.

2.5. Quemadores mecánicos o de premezcla

En las calderas de pie, desde las de más pequeña potencia hasta las de potencia más elevada, existe un elemento que se diferencia en gran medida de los quemadores que hemos podido ver en calderas murales. El quemador de las calderas de pie es un equipo cuya complejidad merece tratarlo de forma diferenciada. En el presente apartado analizamos los componentes, funciones y regulación de los quemadores para calderas de pie. Estos quemadores podemos encontrarlos para combustibles sólidos (*pellet*), líquidos (gasóleo) o gaseosos (gas natural).

Las funciones del quemador son:

- Premezcla: para que se produzca una buena combustión en la caldera, el quemador mezcla convenientemente el combustible y comburente antes de su ignición. En quemadores de combustibles líquidos, la mezcla se favorece con la pulverización del combustible.
- Regulación combustible: para mantener unas condiciones de combustión constantes, es necesario asegurar un caudal de combustible contante. La aplicación de presión al combustible en caso de combustible líquido, o mediante la regulación de presión en caso de combustibles gaseosos, asegura el suministro a caudal contante en función de la regulación. El caudal de combustible aportado dependerá del diámetro de la boquilla y de la presión de este. En la puesta en marcha del quemador, se debe ajustar la potencia de la caldera mediante estos dos parámetros, caudal nominal de boquilla y presión de combustible.
- Regulación de comburente: el comburente O_2 viene en una proporción aproximada del 21 % en el aire ambiente. Al introducir aire en la combustión, nos aseguramos de que proporcionamos el comburente necesario para la completa oxidación del combustible. La regulación de aire en los quemadores garantiza que se produce una buena combustión con el menor exceso de aire posible.

RECUERDA

✓ El caudal de combustible en un equipo de producción de calor está directamente relacionado con la potencia del equipo, mediante la fórmula:

$$P\ [kW] = C\ [kg/h] \times PCI\ [kWh/kg]$$

✓ Mediante la modificación de la presión de salida del combustible, se regula el caudal de combustible C, y con ello la potencia de la caldera, para ajustarla a las necesidades reales de la instalación. La regulación de la presión se realiza mediante el ajuste de la bomba de combustible para quemadores de gasóleo, o mediante la regulación de presión de gas en caso de combustibles gaseosos.

2.5.1. Componentes principales

Como se ha dicho anteriormente, la función del quemador es proporcionar de forma continua y homogénea la cantidad de combustible y comburente para conseguir una adecuada combustión. Los dos componentes principales para ello, por tanto, son la bomba de combustible para quemadores de gasóleo y el ventilador para el comburente.

Se analiza cada uno de los elementos del quemador en los siguientes puntos, según la imagen del quemador de la figura 2.38:

1. Bomba de combustible: es el elemento encargado de proporcionar la cantidad de combustible adecuada para la combustión. Dispone de entada de combustible y retorno, salida de combustible hacia el quemador, a través de la electroválvula, y tornillo de regulación de presión de salida. La conexión (P) y (V) que pueden verse en la figura 2.39

son para la conexión de manómetro y vacuómetro para regular la presión de impulsión de gasóleo al quemador y para determinar la presión de aspiración de la bomba respectivamente. Es necesario comprobar la situación del depósito de suministro de gasóleo, tanto en altura relativa con respecto al quemador como en distancia, para no superar los valores de aspiración máxima que soporta la bomba.

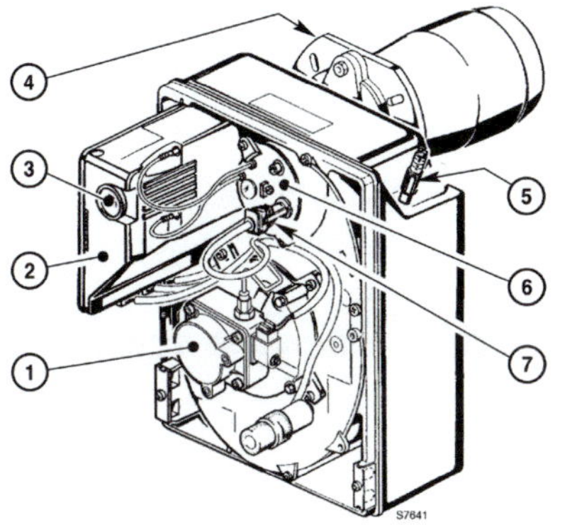

Figura 2.38
Componentes principales quemador Crono 3L.
(*Fuente*: Baxi).

Figura 2.39
Bomba gasoil con electroválvula y regulación de presión.
(*Fuente*: Suntec).

SABÍAS QUE...

El RITE obliga a modular la potencia en equipos de producción de calor. En calderas de hasta 70 kW se permite la utilización de quemadores de una llama. A partir de esta potencia es necesario instalar quemadores de dos llamas o modulantes. La actuación de dos llamas se realiza mediante dos boquillas diferentes que llegan a la caldera, cada una con un caudal de combustible diferente y cada una con su electroválvula. De este modo podemos tener el quemador funcionando en una llama con la potencia que corresponde al caudal suministrado por la boquilla 1, o en dos llamas con la potencia correspondiente al caudal suministrado por la boquilla 1 y 2 simultáneamente cuando abren las dos electroválvulas. El control sobre las electroválvulas lo realiza directamente la centralita del quemador, de acuerdo a las señales recibidas del control de la instalación.

La regulación modulante se realiza mediante una regulación de presión en continuo. Podemos tenerla tanto en calderas de gasoil como en calderas de gas.

En el siguiente vídeo podemos ver una caldera de gasoil como modulación de presión:

Para los quemadores de gas, la bomba no es necesaria, dado que trabajamos con la presión del gas en la distribución. Sí es necesario la regulación de la presión de este gas, que se realiza en la denominada rampa de gas, como la que aparece en la figura 2.40.

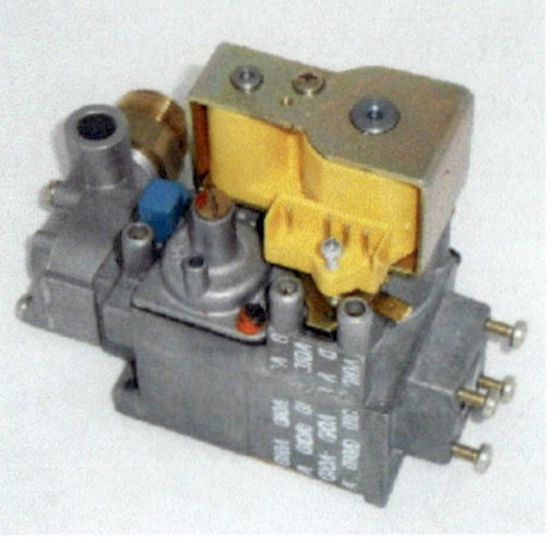

Figura 2.40
Rampa de regulación de gas para quemador.
(*Fuente*: Baxi).

2. Centralita control quemador: una vez recibida la orden de marcha del quemador, la centralita es la encargada de realizar el proceso de arranque, paro y control de llama en el quemador.

   El proceso de encendido del quemador se regula por la centralita de acuerdo al diagrama de tiempos de la figura 2.42.

Figura 2.41
Centralita para quemador.
(*Fuente*: Danfoss).

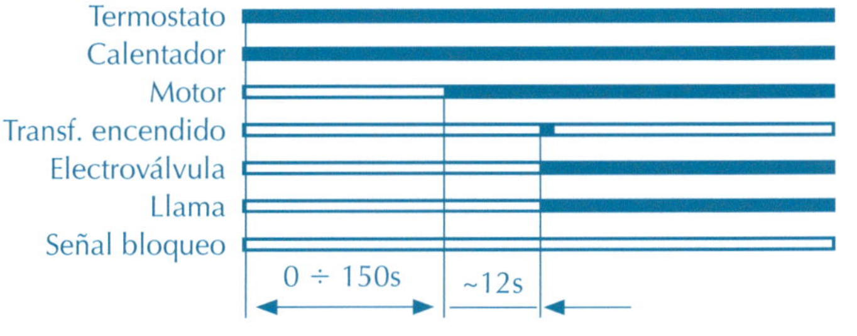

Figura 2.42
Proceso de arranque quemador tipo.

3. En caso de anomalía en la combustión, tanto durante el proceso de arranque como en el funcionamiento normal, el quemador se bloquea, necesitando el rearme manual del equipo para volver a arrancar.
4. Brida unión a caldera: es el elemento con el que el quemador queda unido a la caldera. Es importante el buen ajuste de ambos para evitar la entrada de aire o salida de humos en la unión. Entre la caldera y la brida de anclaje del quemador se instala una junta aislante especial para aumentar la hermeticidad.
5. Regulación de aire: en quemadores de pequeñas potencias, la regulación del aire necesario para la adecuada combustión se realiza mediante compuerta de regulación de caudal de aire. El ventilador del quemador funciona de forma solidaria al eje de la bomba de gasóleo a revoluciones constantes, por lo que, para variar el caudal de aire que entra a la cámara de combustión, se debe variar la sección de paso del aire para variar el caudal de entrada de aire. En quemadores de mayor envergadura, esta regulación se realiza mediante la variación de velocidad en continuo, lo cual consigue mantener las condiciones de buena combustión en cada momento.

6. Cabezal de combustión: la parte del quemador que entra dentro del cuerpo de la caldera es el encargado de llevar todos los elementos necesarios para la combustión. En este cabezal se encuentran las boquillas, los electrodos, el dispositivo de control de llama y, si en necesario, la regulación de la posición del cabezal. Es necesario extraerlo para realizar el mantenimiento del quemador, de manera que puedan sustituirse las boquillas y comprobarse la posición de los electrodos.
7. Fotocélula control de llama: una vez se ha dado la orden de inicio de la combustión, es necesario comprobar que efectivamente se ha producido la llama. La fotocélula envía a la centralita la confirmación de llama durante todo el tiempo de funcionamiento del quemador. Como puede verse en la figura 2.43, es importante prestar atención a la orientación de la fotocélula, de modo que esté orientada hacia la llama; de modo contrario, bloquearía el quemador aunque existiera llama.

Figura 2.43
Fotocélula.

La vista trasera del quemador Crono 3L es la que se muestra en la siguiente figura:

Figura 2.44
Vista trasera del quemador Crono 3L.
(*Fuente*: IES Heliópolis).

PARA SABER MÁS

En los siguientes enlaces puedes ver los despieces detallados de dos quemadores de gasoil, uno de una etapa y otro de dos etapas:

1. Quemador gasoil una etapa.
2. Quemador gasoil dos etapas.

① ②

2.5.2. Funcionamiento

El quemador dispone de todos los elementos necesarios para el correcto funcionamiento una vez reciba la orden de marcha. El ventilador del quemador está en el mismo eje del motor del ventilador, por lo que el bombeo del gasoil se produce desde que se pone en marcha el motor. Por ello, para que no se produzcan presiones elevadas en la bomba, es necesario disponer de un retorno al depósito o a la tubería de aspiración de gasoil. Esta configuración es necesaria revisarla en el manual de instalador del quemador, teniendo en cuenta las presiones máximas de aspiración de la bomba y los diámetros mínimos de las tuberías en función de la ubicación relativa del depósito respecto del quemador.

El proceso de arranque del quemador se lleva a cabo de acuerdo con el esquema temporal de la figura 2.42. Una vez se tiene la orden de marcha, el quemador inicia un proceso de barrido, donde solo pone en marcha el ventilador. Algunos quemadores disponen de una resistencia para calentar la lanceta de inyección y asegurarse de que el combustible llega a una temperatura mínima adecuada para su pulverización. Esta temperatura se controla mediante un termostato de contacto en la lanceta, el cual cierra el contacto una vez la resistencia alcanza la temperatura.

Iniciado el proceso de barrido, a los 15 segundos se lleva corriente a los electrodos de encendido y se abre la electroválvula de gasoil, por lo que se debe iniciar la llama. En caso de no iniciarse, la fotocélula no recibe la energía emitida por la llama y la centralita bloquea el quemador.

El funcionamiento del quemador es el mismo en calderas de pequeña potencia para uso doméstico que en grandes instalaciones industriales. Los quemadores para calderas industriales de vapor disponen de los mismos elementos y posibilidades de regulación que en las calderas convencionales.

Es lógico que en estas instalaciones industriales se disponga de mayor control y posibilidades de regulación, dada la envergadura de la instalación, como puede apreciarse en las siguientes figuras:

Figura 2.45
Caldera de vapor con quemador de gas natural.

Figura 2.46
Equipo de análisis de la combustión en continuo con sonde de O_2.

2.5.3. Regulación de la potencia

El quemador tiene una curva de selección o gráfica de trabajo como la que aparece en la figura 2.47.

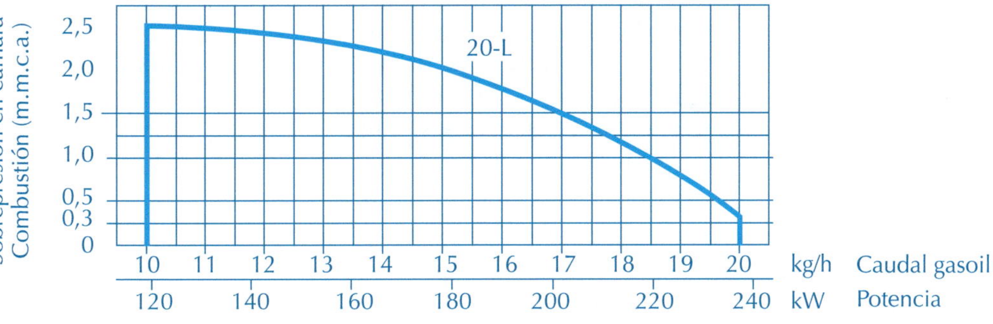

Figura 2.47
Gráfico de selección quemador Crono 20L.
(*Fuente*: Baxi).

Como puede verse en el gráfico, el quemador debe vencer la pérdida de presión del circuito de humos de la caldera con la presión del ventilador. En el caso del Crono 20L, la máxima pérdida de carga en el circuito de humos admisible para este quemador sería 2,4 mm.c.a. El caudal de combustible del quemador, como se ha dicho anteriormente, marcará la potencia del quemador y por tanto de la caldera. En este caso, el quemador podría aportar una potencia desde 118,5 kW, si se le regula para trabajar con 10 kg/h de caudal de combustible, hasta los 237 kW, si se regula para trabajar con caudal de combustible 20 kg/h. Una vez se conoce las necesidades de potencia de la instalación, se determina el valor de potencia al que tenemos que regular el quemador. Es aconsejable que el punto de trabajo del quemador quede en el tercio central del rango de trabajo del quemador, de modo que podamos tener posibilidades de variación de potencia en la instalación sin necesidad de cambiar el quemador.

Figura 2.48
Boquilla para quemador.
(*Fuente*: Danfoss).

El elemento que nos garantiza el caudal de combustible determinado en el gráfico para entregar la potencia necesaria es la boquilla del quemador. La boquilla, como puede verse en la figura 2.48, posee un pequeño filtro de combustible previo.

Los tres parámetros que identifican una boquilla son:

- Tipo de pulverización. Como puede verse en la figura 2.49, podemos encontrarnos pulverización hueco (H), sólida (S), o semisólida (B).

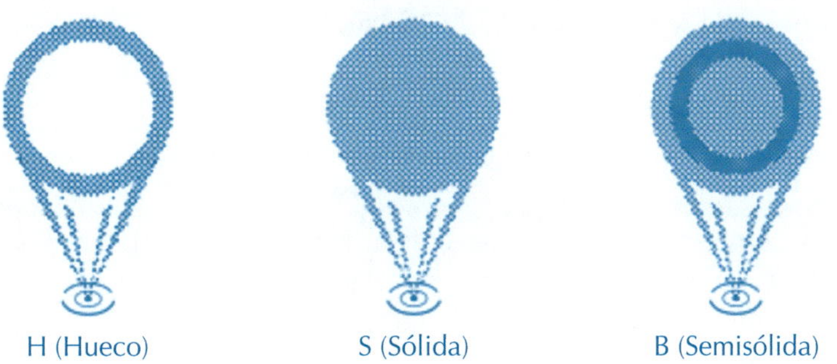

Figura 2.49
Tipos de conos de pulverización.
(*Fuente*: Danfoss).

- Ángulo de pulverización. El cono puede pulverizarse en algunos de 30°, 45°, 60° y 80°, de acuerdo a lo que se expresa en la figura 2.50.
- Caudal. La designación estándar de las boquillas identifica el caudal en unidades de galones americanos por hora (Usgal/h). La nueva identificación según estándar europeo las identifica también con unidades en kg/h. El caudal, según el estándar europeo, está determinado para una presión de 10 bar y unas características de combustible determinadas.

Cada boquilla debe tener rotulado de forma clara los datos de pulverización, ángulo y caudal. Por tanto, una vez conocida la potencia que debemos entregar en el quemador, se selecciona la boquilla adecuada de acuerdo al caudal de combustible necesario.

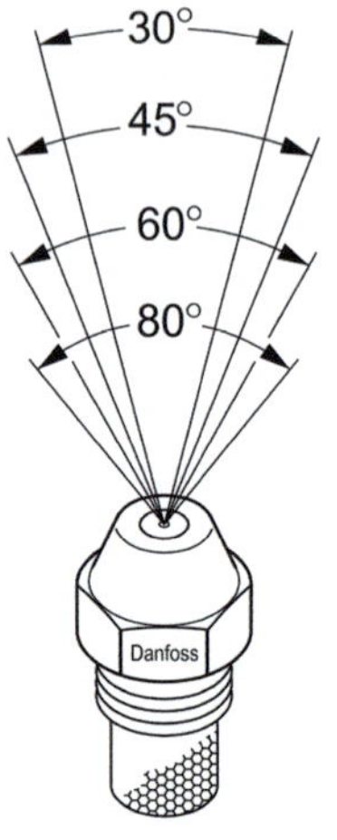

Figura 2.50
Ángulos de pulverización.
(*Fuente*: Danfoss).

Actividad propuesta 2.4

Consulta las especificaciones del quemador Crono 20L de Baxi y la tabla de boquillas de la marca Danfoss que se ofrecen como recursos en esta unidad.

- Selecciona la boquilla que deberíamos emplear si queremos regular el quemador en 168,27 kW.
- Y si queremos una potencia de 190,785 kW.

Como se ha explicado, los caudales entregados por la boquilla se designan en el estándar europeo para una presión de 10 bar. Una vez tenemos la boquilla elegida para la potencia necesaria, podemos realizar una regulación más fina para ajustar mejor el caudal a las necesidades de potencia mediante la regulación de presión de la bomba de combustible. Como puede verse en las especificaciones del quemador utilizadas en la actividad anterior, la bomba de combustible puede trabajar desde 8 a 15 bar. Modificando esta presión de inyección de combustible modificamos el caudal, de modo que si bajamos de los 10 bar, tendremos menor caudal del nominal designado en la boquilla, y si subimos hasta 15 bar, tendremos un mayor caudal.

TOMA NOTA

Para la determinación del caudal de la boquilla en función de la presión de la bomba de combustible es necesario utilizar algún programa informático, como por el ejemplo el Excel de cálculo que puede descargarse del fabricante Danfoss en el siguiente código QR:

Resumen

- Los equipos de producción de calor para instalaciones caloríficas se pueden clasificar en función del tipo de combustible, en su forma y materiales de construcción, según la temperatura del fluido, de la forma de toma de aire y evacuación de los productos de la combustión, así como de los servicios prestados y circulación de los humos.
- Una primera división podemos hacerla entre las calderas de solo calefacción y las calderas mixtas, las cuales además de calefacción suministran ACS.
- Los equipos de producción de calor por combustión aprovechan el calor que desprende la reacción de combustión del carbono presente en el combustible. La reacción estequiométrica del gas metano es la siguiente, considerando solo los elementos principales de combustible y comburente:

$$CH_4+2O_2 \rightarrow CO_2+2H_2O$$

- Las calderas de condensación tienen rendimientos superiores a 1 considerando el PCI debido al calor extra tomado de la condensación del vapor de agua presente en los humos.
- Las calderas de combustibles gaseosos se clasifican en función de la forma de tomar el aire y de evacuar los productos de la combustión en calderas tipo B, llamadas atmosféricas y calderas tipo C, llamadas estancas. El RITE prohíbe la instalación de calderas atmosféricas con potencias inferiores de 70 kW, solo se puede instalar calderas estancas, es decir, que toman el aire de la combustión de un local diferente al que alberga el equipo.
- Los diferentes elementos en los que se componen las calderas tienen las funciones de:
  - Producir el calentamiento del agua en la caldera.
  - Realizar la mezcla de combustible y comburente.
  - Favorecer que la transmisión de calor efectiva entre humos y agua.
  - Evacuar los productos de la combustión hacia el exterior del local.
- El caudal de combustible en un equipo de producción de calor está directamente relacionado con la potencia del equipo, mediante la fórmula:

  $P = C \times PCI$
  P= Potencia [kW]
  C = Caudal de combustible [kg/h]
  PCI = Poder calorífico inferior [kWh/kg]

- Las unidades consideradas en la fórmula son para combustibles líquidos; en caso de combustibles gaseosos, se emplea el caudal en [m^3/h] y el PCI en [kWh/m^3].
- Las funciones de quemador de una caldera son:
  - Premezcla: para que se produzca una buena combustión en la caldera, el quemador mezcla convenientemente el combustible y comburente antes de su ignición.
  - Regulación combustible: para mantener unas condiciones de combustión constantes, es necesario asegurar un caudal de combustible contante. El caudal de combustible aportado dependerá del diámetro de la boquilla y de la presión

de este. En la puesta en marcha del quemador, se debe ajustar la potencia de la caldera mediante estos dos parámetros, caudal nominal de boquilla y presión de combustible.

- Regulación de comburente: al introducir aire en la combustión, nos aseguramos de que proporcionamos el comburente necesario para la completa oxidación del combustible. La regulación de aire en los quemadores garantiza que se produce una buena combustión con el menor exceso de aire posible.

Ejercicios propuestos

1. Sobre el manual de la caldera de Baxi PLATINIUM, imprime la página 40 donde aparece la plantilla para la instalación de la caldera mural. Identifica sobre esta plantilla los taladros a realizar.
2. Realiza un esquema con las diferentes clasificaciones de los equipos de producción de calor.
3. Sobre la ficha de características que aparece en el manual de instrucciones de la caldera Domi Project F24 de Ferroli, identifica las potencias máximas y mínimas del equipo tanto en calefacción como en ACS. Teniendo en cuanta los caudales de gas que aparecen en la ficha, ¿podrías obtener el PCI considerado por el fabricante para cada gas?
4. En una caldera mixta es necesario incrementar la temperatura de agua 25 °C. El caudal de agua caliente que necesitamos suministrar es de 13,7 l/min. Determina la potencia de la caldera para el servicio de ACS.
5. Los cálculos de cargas térmicas para calefacción en un edificio para uso docente han dado unas necesidades de 325 kW de potencia para la caldera de gasóleo. Considerando un rendimiento del conjunto caldera quemador del 95 %, determina el caudal de combustible necesario para atender la demanda. Considerando que tendremos un quemador de dos llamas, selecciona las boquillas necesarias sabiendo que la primera llama abastecerá un 60 % de la carga y la segunda el resto hasta los 325 kW.

Práctica	
Identificación de elementos y funcionamiento de caldera mural mixta.	
Objetivo	Conocer los componentes y su funcionamiento de equipos de producción de calor.
Material	Caldera mixta fuera de servicio. Si no se dispone de caldera en el taller de trabajo, se puede trabajar sobre plano de despiece de caldera. Ficha técnica y manual de instrucciones del fabricante.

Procedimiento	Identificar los elementos principales y principio de funcionamiento de caldera mural mixta. Sobre la caldera, ir desmontando los diferentes elementos, describiendo su papel en el funcionamiento general de la caldera. Identificar los siguientes elementos: – Quemador. – Rampa de inyectores. – Quemador piloto si existe. – Dispositivo de encendido. – Cuerpo de agua. – Cuerpo de gas. – Intercambiadores de calor. – Dispositivo de control de llama. – Dispositivos de seguridad. Una vez identificados los elementos principales, describe el funcionamiento del equipo para la producción de calor y de ACS.

ACTIVIDADES DE AUTOEVALUACIÓN

1. Los combustibles comúnmente empleados en instalaciones de producción de calor son:
   - ☐ *a)* Solo gas natural y gasóleo.
   - ☐ *b)* Gas natural y GLP como combustibles gaseosos y gasóleo como combustible líquido.
   - ☐ *c)* Biomasa cada vez más como combustible en quemadores atmosféricos.
2. Para que se produzca una combustión segura:
   - ☐ *a)* Es necesario introducir el aire a una presión baja en el quemador.
   - ☐ *b)* Es necesario que exista un exceso de aire para que no se produzcan inquemados.
   - ☐ *c)* Ninguna de las anteriores es correcta.
3. Los elementos básicos de la combustión son:
   - ☐ *a)* Carbono, oxígeno y nitrógeno en el combustible e hidrógeno en el comburente.
   - ☐ *b)* Carbono e hidrógeno en el combustible y azufre en el comburente.
   - ☐ *c)* Carbono e hidrógeno en el combustible y oxígeno en el comburente.
4. El poder calorífico inferior PCI de un combustible es:
   - ☐ *a)* La cantidad de energía que podría suministrar al quemarse por cada kilogramo de combustible.
   - ☐ *b)* La temperatura a la que el combustible inicia la ignición.
   - ☐ *c)* El calor conseguido al condensar el H_2O de los productos de la combustión.
5. Según las temperaturas de salida de humos, las calderas se pueden clasificar en:
   - ☐ *a)* Calderas estándar, calderas de baja temperatura y calderas de condensación.
   - ☐ *b)* Calderas de agua sobrecalentada y calderas de vapor.
   - ☐ *c)* Calderas de chapa y calderas de fundición.

6. Las calderas mixtas sin acumulación son:
   - ☐ *a)* Calderas que suministran ACS y calefacción.
   - ☐ *b)* Calderas que suministran solo ACS e incluyen un acumulador dimensionado para la demanda diaria.
   - ☐ *c)* Este tipo de calderas no existe, ya que las mixtas no necesitan acumulador.

7. Los sistemas de encendido empleados en calderas suelen ser:
   - ☐ *a)* Encendido por resistencia eléctrica.
   - ☐ *b)* Encendido piezoeléctrico y encendido por chispa de alta tensión.
   - ☐ *c)* Encendido piezoeléctrico siempre, el encendido por chispa ya no se suele utilizar.

8. El pirostato sirve para:
   - ☐ *a)* Medir la temperatura de humos.
   - ☐ *b)* Medir la temperatura de humos y accionar un contacto eléctrico en caso de que supere un valor máximo.
   - ☐ *c)* Medir la temperatura de humos y enviar una señal 0-10 V con el valor de la temperatura medida.

9. Una caldera con sistema de entrada de aire directamente del local donde está instalado y evacuación de los productos de la combustión al exterior por conducto es:
   - ☐ *a)* Una caldera tipo B, dado que la evacuación de los PdC se realiza por conducto.
   - ☐ *b)* Una caldera tipo C, ya que el aire exterior siempre hay que tomarlo del local donde está instalada
   - ☐ *c)* Una caldera tipo B, dado que la entrada del aire de combustión se realiza desde el mismo local donde está instalada. Se llama caldera atmosférica.

10. Una caldera estanca es:
    - ☐ *a)* Una caldera donde los conductos de evacuación son estancos frente a los humos.
    - ☐ *b)* Una caldera en la que se ha realizado una prueba de presión hidrostática en el circuito de agua.
    - ☐ *c)* Una caldera tipo C, en la que el aire de combustión y los productos de combustión no están en contacto con el local de la caldera.

SOLUCIONES:

1.	**b**	5.	**a**		
2.	**b**	6.	**a**	9.	**c**
3.	**c**	7.	**b**	10.	**c**
4.	**a**	8.	**b**		

3

Equipos emisores en instalaciones caloríficas

Objetivos

- ✓ Conocer los tipos de equipos de emisión de calor.
- ✓ Saber cuáles son las técnicas de fijación de equipos y componentes de emisores de calor.
- ✓ Determinar las necesidades de emisión de dependencias y seleccionar los equipos necesarios.
- ✓ Establecer las condiciones de instalación y los materiales necesarios para el montaje de los equipos emisores para instalaciones domésticas.

Mapa conceptual

Glosario

Carga térmica. Necesidades de calor en una estancia para poder mantener la temperatura interior en ella.

Fan Coil. Equipo en el que se conjugan dos elementos básicos en climatización, *fan* (ventilador) y *coil* (batería). Esta combinación hace que el aire que circula a través del equipo, forzado por el ventilador, intercambie calor con el fluido caloportador, principalmente agua, que circula por el interior de la batería.

Radiador. Equipo emisor de calor por radiación y convección, por el que se hace circular un caudal de agua caliente.

Salto térmico en radiador. Se define como la diferencia entre la media de temperaturas en el radiador y la temperatura de la habitación. En los casos en los que el agua entra a 75 °C y sale a 65 °C, la temperatura media en el radiador sería 70 °C. Si la temperatura de la habitación es de 20 °C, el salto térmico en el radiador será 70 °C – 20 °C = 50 °C (ΔT = 50 k).

Superficies radiantes. Instalaciones emisoras de calor cuando circula por ellas agua caliente; pueden estar instaladas en suelo, techo, paredes o vigas.

3.1. Introducción

Para tener completamente definido un sistema de calefacción, es necesario dimensionar las instalaciones de producción de calor vistas en capítulos anteriores y los sistemas de emisión de calor que veremos en el presente capítulo, interconectándolos mediante las instalaciones de distribución del fluido caloportador. Es necesario, por tanto, conocer las necesidades térmicas de cada una de las dependencias para determinar el sistema de emisión y sus características.

La norma UNE 12831 establece el método para la determinación de las necesidades de calor en las diferentes estancias para asegurar que se obtiene la temperatura interior de diseño en estas estancias. El cálculo de cargas térmicas no es objeto del presente módulo profesional, por lo que no se profundiza en él, aunque será necesario barajar los datos obtenidos en él para el diseño y el montaje de equipos emisores.

Recurso web

WWW

La Asociación Técnica Española de Climatización y Refrigeración dispone de programas de cálculo de cargas térmicas gratuitos basado en Excel. Puedes descargarlos en el siguiente código QR:

Una vez producido el calor en los equipos de producción de calor, y distribuido convenientemente, será necesario equipar las diferentes dependencias con equipos emisores que aporten las necesidades de calor de cada una de estas. Los equipos comúnmente utilizados en instalaciones caloríficas en edificación son:

a) Instalación de radiadores.
b) Instalación mediante superficies radiantes.
c) Instalación mediante Fan Coils o ventiloconvectores.
d) Otros equipos emisores.

En el presente capítulo afrontaremos las características de estos equipos y su montaje. Como se ha dicho anteriormente, será necesario barajar datos de cargas térmicas, para lo cual se puede disponer de los recursos web anteriores.

TOMA NOTA

Para un cálculo aproximado de cargas térmicas en diferentes estancias, podemos tener las siguientes referencias, que siempre deberán ser contrastadas con el cálculo de cargas térmicas antes de la instalación definitiva.

Edificio pasivo	10 W/m²
Edificio de bajo consumo energético	40 W/m²
Edificio de nueva construcción	50 W/m²
Casa con aislamiento normal construida antes de 1995	80 W/m²
Casa antigua	120 W/m²

Dado que las necesidades de temperatura de confort suelen ser variables dependiendo del uso de cada estancia, se podría hacer una división de las necesidades del siguiente modo:

Salas de estar	58,8 W/m³
Dormitorios	53,6 W/m³

Cocinas... 48 W/m³
Baños.. 53,6 W/m³
Pasillos... 40 W/m³

Estos datos deben ser ajustados en función de la zona climática, la orientación, el aislamiento de paredes y los huecos. Sirven de forma orientativa para estimar las necesidades. Como se ha dicho anteriormente, será necesario realizar un ajuste de estos valores con el correspondiente estudio de cargas térmicas.

Actividad propuesta 3.1

Considerando las tablas del cuadro "Toma nota", determina de forma aproximada la carga térmica de una vivienda en planta baja de una edificación construida en el año 1976 que dispone de:

Salón: 24 m^2
Dormitorio 1: 12 m^2
Dormitorio 2: 9 m^2
Cocina: 10 m^2
Baño: 4 m^2
Pasillo: 3 m^2

Con los datos anteriores ya podemos tener un orden de magnitud sobre las necesidades de calor a aportar a cada una de las estancias.

3.2. Radiadores

Los radiadores son elementos metálicos que, mediante el paso del agua previamente calentada en las calderas, emiten calor a la estancia. Los radiadores emiten calor por radiación y por convección, cuya proporción varía en función del diseño y de la instalación. Últimamente se ha favorecido mediante el diseño la trasmisión de calor por convección frente a la de radiación, en especial en los radiadores de baja temperatura, que se analizarán convenientemente en el capítulo destinado a las nuevas formas de producción y emisión de calor.

3.2.1. Tipos de radiadores

La tipología de los radiadores es muy diversa, y se pueden agrupar en las siguientes:

Dependiendo del material de fabricación distinguimos:

- Radiadores de hierro fundido. Son los utilizados tradicionalmente. Aunque ya han sido desbancados en su uso por los nuevos radiadores de aluminio, se siguen empleando para usos decorativos o de época (figura 3.1).

- Radiadores de chapa de acero. Es un radiador construido mediante la unión de dos chapas de acero conformadas, a las que adicionalmente se le pueden añadir aletas para aumentar la superficie de intercambio (figura 3.2).

Figura 3.1
Radiador de época de Roca.
(*Fuente*: Baxi).

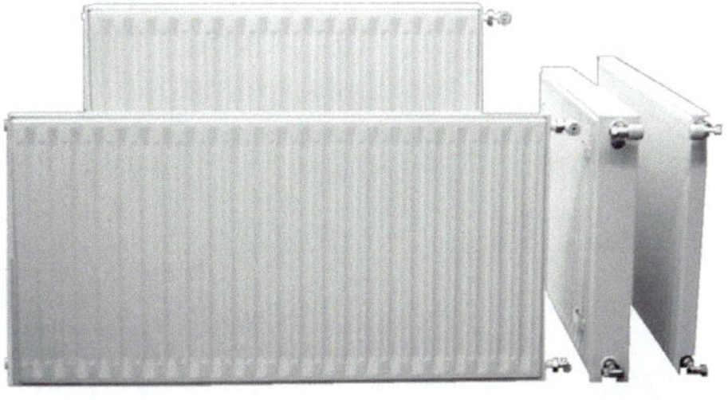

Figura 3.2
Radiadores tradicionales de panel de chapa.
(*Fuente*: Baxi).

Estos radiadores tienen una versión decorativa que consigue buenos resultados estéticos con potencias de emisión considerables. Un ejemplo puede verse en la figura 3.3.

- Radiadores de aluminio. Son los más utilizados en la actualidad en el sector residencial. Su construcción por elementos posibilita la adecuación a las diferentes potencias requeridas en las estancias (figura 3.4).
- Toalleros. Utilizados para aplicaciones concretas en baños (figura 3.5).

Figura 3.3
Radiador ROADS STF.
(*Fuente*: Baxi).

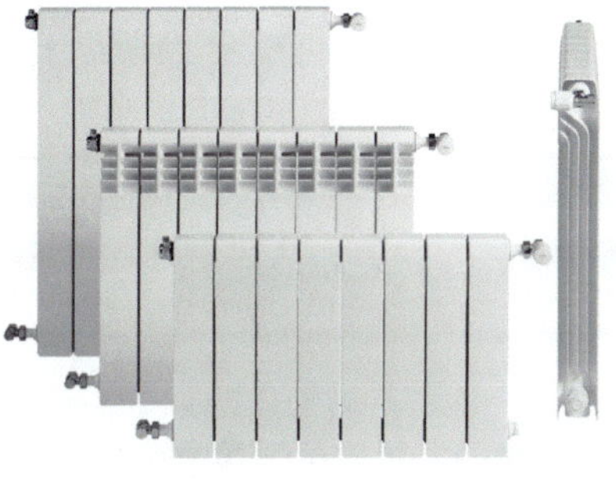

Figura 3.4
Radiadores de aluminio por elementos.
(*Fuente*: Baxi).

Figura 3.5
Radiadores toallero.
(*Fuente*: Ferroli).

Además de la división en función del material de construcción, podemos diferenciar los radiadores según su forma de construcción, de modo que tendríamos:

- Construcción por paneles.
- Construcción por tubos.
- Construcción por elementos.

Dado que son estos últimos los más utilizados en la actualidad en instalaciones convencionales, serán los que empleemos como referencia para la descripción del montaje.

Los radiadores por elementos se dimensionan dividiendo la potencia necesaria en la estancia entre la potencia de cada elemento, de modo que nos daría el número de elementos a montar. Se pueden configurar desde 3 hasta 14 elementos y en alturas de elemento desde los 30 hasta los 80 cm. Las potencias de emisión por elementos dependen del diseño, pero podemos decir que se encuentran entre los 80 y los 160 W por elemento. En la figura 3.6 podemos ver las características de un radiador de la marca Ferroli, cuya gama de fabricación va de los 45 a 80 cm.

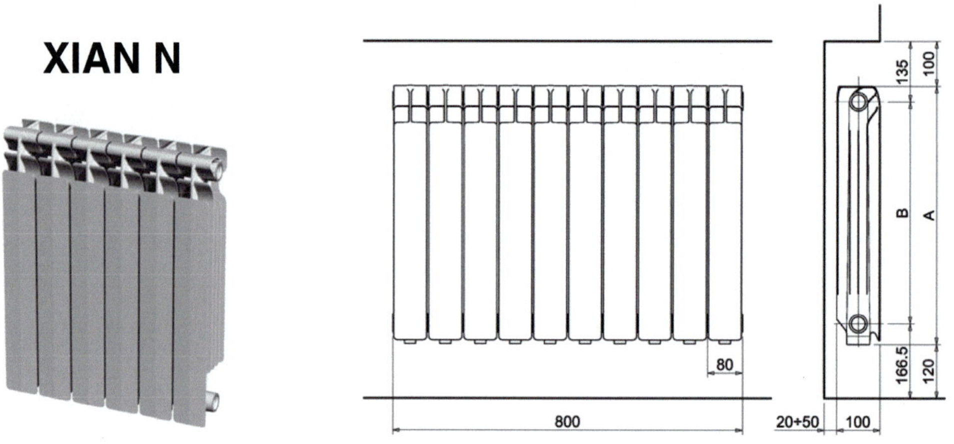

	Dimensiones		Emisión térmica UNE EN 442			Exponente n	Coeficiente km	Presión máxima de funcionamiento bar
	A	B	T=50° C W	T=40° C W	T=30° C W			
XIAN 450 N	431	350	90,8	67,83	46,60	1,30483	0,55081	6
XIAN 600 N	581	500	122,9	91,66	62,08	1,31423	0,71897	6
XIAN 700 N	681	600	142,2	105,62	72,00	1,33400	0,77016	6
XIAN 800 N	781	700	160,2	119,93	81,00	1,33487	0,86447	6

Figura 3.6
Ficha de características técnicas de radiadores.
(*Fuente*: Ferroli).

Las potencias que se reflejan en la tabla son por elemento. En este caso, tendríamos una gama de potencias desde los 272,4 W para un radiador formado por 3 elementos de 45 cm (XIAN450N) hasta los 2242,8 W para un radiador formado por 14 elementos de 80 cm (XIAN800N). A partir de los 14 elementos, el radiador tiene unas dimensiones a considerar, por lo que, si es posible, sería conveniente disponer dos radiadores con la mitad de los elementos cada uno.

PARA SABER MÁS

De acuerdo a la norma UNE-EN 442, potencia térmica nominal del radiador se especifica para un salto térmico de 50 °C. El salto térmico se define como la diferencia entre la media de temperaturas en el radiador y la temperatura de la habitación. En los casos en los que el agua entra a 75 °C y sale a 65 °C, la temperatura media en el radiador sería 70 °C. Si la temperatura de la habituación es de 20 °C, el salto térmico en el radiador será 70 °C – 20 °C = 50 °C (DT = 50 k).

En el ensayo de laboratorio del radiador se determina la potencia térmica del radiador a diferentes condiciones de funcionamiento, determinando la curva característica del radiador, la cual tiene la forma siguiente:

$$P = P_{\Delta T50}\left(\frac{\Delta T}{\Delta T50}\right)^n$$

P = Potencia térmica en las condiciones diferentes a las nominales.
$P_{\Delta T50}$= Potencia térmica en condiciones nominales (Para DT = 50 k).
ΔT = Salto térmico de trabajo.
ΔT = Salto térmico nominal (50 k).

Recurso web

WWW

Descarga el catálogo de radiadores de la marca Baxi, modelo Dubal, y analiza las potencias emitidas por elemento en función de la altura y el diseño del radiador.

Puedes descargarlo en este QR:

El paso definitivo para el cálculo de los equipos sería determinar el número de elementos por cada dependencia en las condiciones de funcionamiento. De este modo, para una dependencia de 10 m^2 que tenga aproximadamente una carga térmica de 50 W/m^2, tendremos unas necesidades térmicas de 500 W. Considerando un radiador montado con elementos de 75 W por elemento, necesitaremos teóricamente 6,6 elementos, por tanto, montaremos un radiador con 7 elementos, que emitirá una potencia total de 525 W. Es importante considerar el salto térmico real de funcionamiento del radiador, dado que la potencia de emisión baja considerablemente cuando bajamos el salto térmico.

Actividades propuestas

3.2. Comprueba la potencia de emisión de un radiador XIAN 700N de 9 elementos para un salto térmico de 40 k utilizando los datos de la tabla de la figura 3.6.

3.3. Para la vivienda de la actividad propuesta 3.1, analiza los elementos necesarios en los radiadores de cada estancia. Emplea los datos del catálogo de Baxi descargado en el recurso web anterior. Utiliza el modelo Dubal, que funciona con un salto térmico de 40 K.

La unión entre elementos se realiza mediante un casquillo roscado a izquierda y derecha, de modo que mediante el giro del casquillo se consigue unir los elementos entre sí. Es necesario una junta entre los elementos (figura 3.7).

El giro del casquillo, al quedar interior entre los elementos, es necesario realizarlo con una herramienta específica como la de la figura 3.8.

Recurso web

Puedes ver el método de unión de elementos en un vídeo elaborado por un centro de formación de profesional de Alzira. Accede a él a través de este código QR:

Figura 3.7
Casquillo roscado de unión entre elementos.

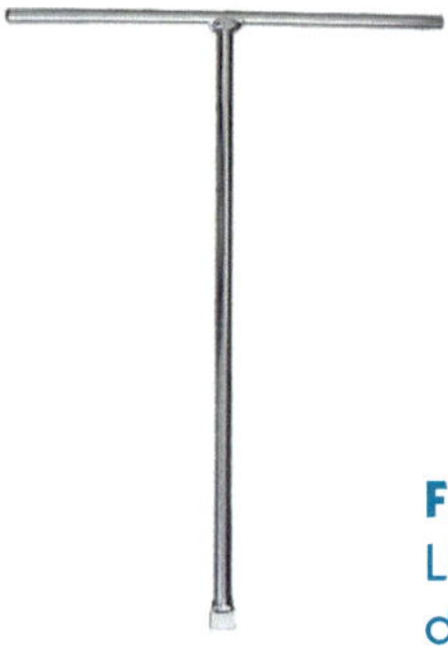

Figura 3.8
Llave para giro de casquillo.

3.2.2. Montaje y conexión de radiadores

Los radiadores se conectan a las instalaciones de distribución de fluido mediante elementos específicos. En cada radiador se deben disponer los siguientes elementos:

- Válvula de corte. Su función es la regulación del caudal de entrada de agua al radiador por el usuario. Puede ser de regulación manual o termostática (figura 3.9).
- Detentor. Elemento de regulación y equilibrado del circuito hidráulico que permite el equilibrado del circuito para asegurar los caudales de diseño en cada radiador (figura 3.10).

Figura 3.9
Válvula de radiador termostatizable.
(*Fuente*: Baxi).

Figura 3.10
Detentor a escuadra para radiador.
(*Fuente*: Ferroli).

Conocida la pérdida de carga necesaria en cada radiador para que el circuito esté equilibrado, se procede a situar el detentor en la posición adecuada, de acuerdo al caudal necesario. Para ello se utilizan las gráficas del detentor como la que podemos ver en la figura 3.11. En función del caudal de diseño (abscisas) y la pérdida de carga requerida para equilibrar el circuito (ordenadas), obtenemos el número de vueltas en el detentor, desde 0,5 vueltas hasta totalmente cerrado.

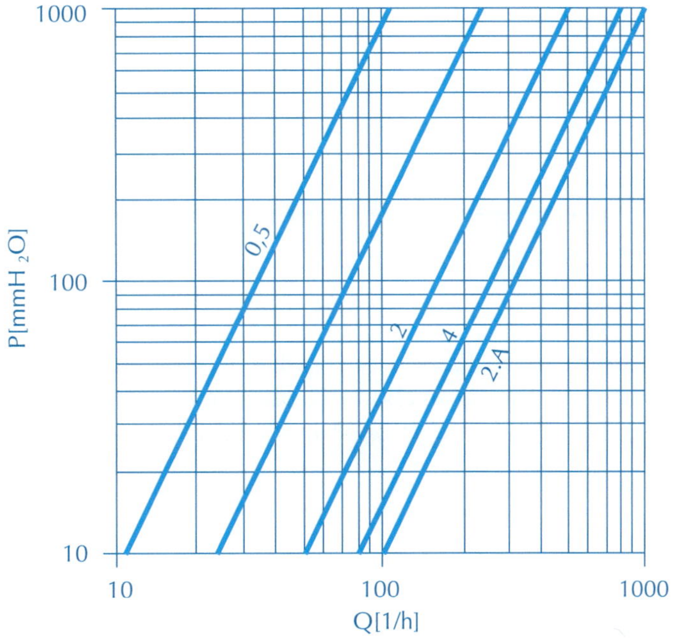

Figura 3.11
Gráfica de regulación de detentor.
(*Fuente*: Baxi).

- Purgador. Es el equipo necesario para eliminar el aire de la instalación. Es necesario la instalación en cada uno de los radiadores, así como en los puntos altos de la red de distribución. Los purgadores se disponen en una de las conexiones de la parte alta de cada radiador. Los más comunes son los purgadores manuales, aunque cada vez se instalan más los automáticos.

Dado que el radiador por elementos tiene 4 entradas, habrá que disponer cada uno de los elementos anteriores en una entrada y cerrar con tapón ciego le cuarta.

Las conexiones de entrada de los radiadores suelen ser de diámetro conexión roscada a 1" los más modernos y 1 ¼" los más antiguos. Las roscas de las válvulas de entrada y de los detentores son de 1/2" las más utilizadas o de 3/8". Los purgadores manuales suelen ser de conexión roscada de 1/8". Por lo tanto, será necesaria una reducción para la conexión de válvula de entrada, detentor y purgador al radiador como las de la figura 3.12. Estas reducciones se colocan con junta plana entre esta y el radiador.

Figura 3.12
Reducciones para radiadores.
(*Fuente*: Baxi).

Es importante tener en cuenta que, para que se puedan unir los elementos del radiador entre sí, estos elementos disponen de extremo con rosca derecha a un lado y rosca izquierda a otro. Por ello será necesario tener en cuenta este aspecto para decidir el sentido de roscado de las reducciones. Vamos a tratar este detalle con un ejemplo, que podemos ver a continuación. Para el caso de distribución bitubo, tendremos el esquema de la figura 3.13.

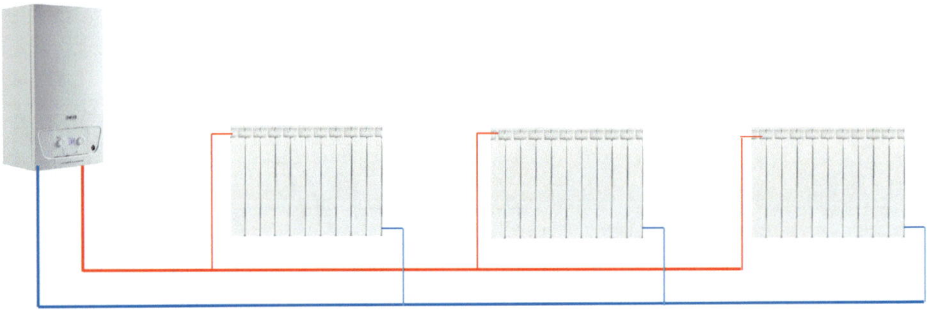

Figura 3.13
Distribución bitubo.

De este modo, analizando cada radiador, tendremos varias posibilidades de conexión, en función de las posiciones de entrada y salida de la tubería. Para el caso de conexión del esquema anterior, cada radiador deberá disponer de los elementos representados en la figura 3.14.

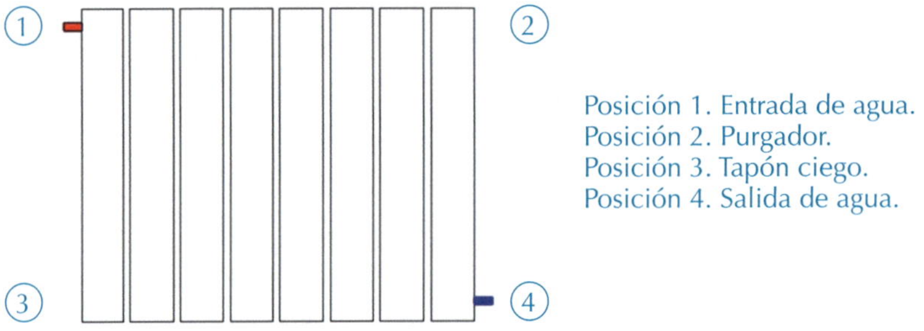

Figura 3.14
Esquema de conexiones radiador.

Para hacer más gráfico las posiciones del radiador se han enumerado, de modo que se seleccionen los elementos dependiendo de la posición en la que se deban montar.

Los elementos necesarios para la conexión del radiador se detallan en el cuadro 3.1.

CUADRO 3.1
Relación de elementos de conexión de radiador

Posición	Descripción	Cantidad	Observaciones
1	Llave de radiador 1/2″	1	Termostática
1	Reducción 1-1/2″	1	Rosca izquierda
1	Junta plana 1″	1	

[.../...]

CUADRO 3.1 (CONT.)

Posición	Descripción	Cantidad	Observaciones
2	Purgador 1/8″	1	
2	Reducción 1-1/8″	1	Rosca derecha
2	Junta plana 1″	1	
3	Tapón ciego 1″	1	Rosca izquierda
3	Junta plana 1″	1	
4	Detentor escuadra 1/2″	1	
4	Reducción 1-1/2″	1	Rosca derecha
4	Junta plana 1″	1	
	Soportes radiador	2	

Además de los elementos de conexión, los radiadores deben estar soportados por elementos adecuados. Dependiendo de la tipología de radiador, se deben elegir los elementos de soporte adecuados (figura 3.15). Estos elementos de soporte son los encargados de la nivelación del radiador mediante tornillos de regulación.

En el caso de instalaciones monotubo (figura 3.16), como se verá en el apartado correspondiente a sistemas de distribución, las válvulas de entrada y los detentores coinciden en el mismo elemento.

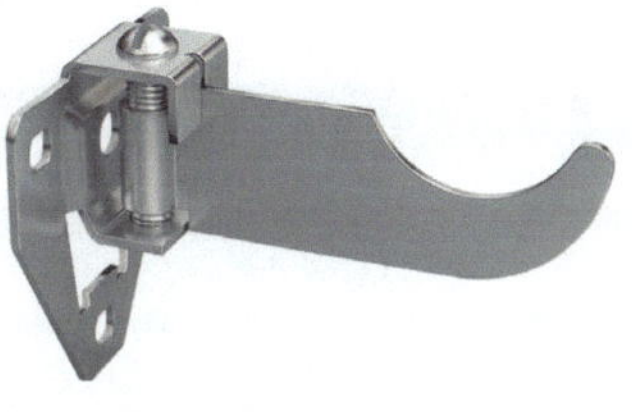

Figura 3.15
Soporte para radiador.

Figura 3.16
Llave monotubo.
(*Fuente*: Baxi).

RECUERDA

- ✓ Los radiadores deben instalarse a las distancias mínimas siguientes:
  - Del suelo: 12 cm.
  - De la pared: 2-5 cm.
  - De la hornacina o de la repisa: 10 cm.
- ✓ En el caso de que la pared no esté suficientemente aislada, hay que poner un aislamiento suplementario con el fin de limitar al máximo las fugas de calor al exterior.
- ✓ Cada radiador debe tener su purgador, mejor de tipo automático.
- ✓ El valor del pH del agua debe estar entre 7 y 8. Además, el agua no debe tener características corrosivas que dañen los metales en general.

Actividad propuesta 3.4

Determina los materiales necesarios para el montaje de la instalación en sistema bitubo para el siguiente sistema de conexión. Utiliza el cuadro 3.1 anterior.

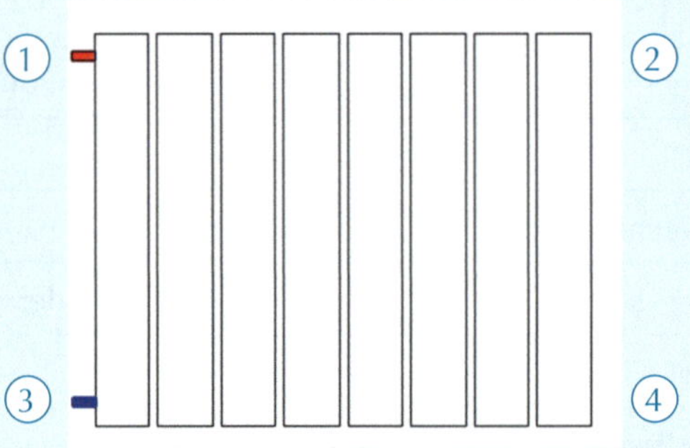

TOMA NOTA

De acuerdo a la norma UNE-EN 442, los radiadores deben especificar la potencia para un salto térmico en el radiador de 50 °C. Este salto térmico se define como la diferencia entre la media de temperaturas del radiador y la temperatura ambiente. De este modo, considerando una temperatura de entrada de agua al radiador de 80 °C y temperatura de salida de 60 °C, la temperatura media en el radiador es de 70 °C. Con una temperatura ambiente de 20 °C, el salto térmico es la diferencia entre estas, es decir, 50 °C.

En caso de que la temperatura de impulsión y retorno sean más bajas, el radiador emitirá una potencia menor, de acuerdo a unos índices dados por el fabricante.

El RITE, en su IT1.2.4.3 sobre control, obliga en los sistemas de calefacción por agua en viviendas a instalar una válvula termostática en cada una de las unidades emisores terminales de estancias principales (sala de estar, comedor, dormitorios, etc.).

Sobre las válvulas de entrada de agua al radiador se instalan cabezales termostáticos que abren y cierran la entrada de agua al radiador en función de la temperatura del local, permitiendo así la reducción del volumen de agua a circular por la instalación de calefacción con el consiguiente ahorro energético. El funcionamiento de estos cabezales puede ser:

- Termomecánico, donde una sustancia se expande por el calor y presiona el dispositivo de cierre de la válvula.
- Electrónico, donde el cabezal dispone de sensor de temperatura y actuador, de modo que, una vez superada la temperatura de consigna, el cabezal cierra mecánicamente la válvula.

Las imágenes de cada una de ellas pueden verse en las figuras 3.17 y 3.18.

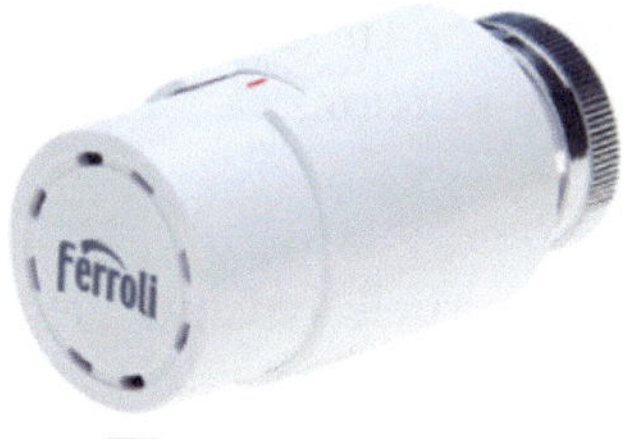

Figura 3.17
Cabezal termostático.
(*Fuente*: Ferroli).

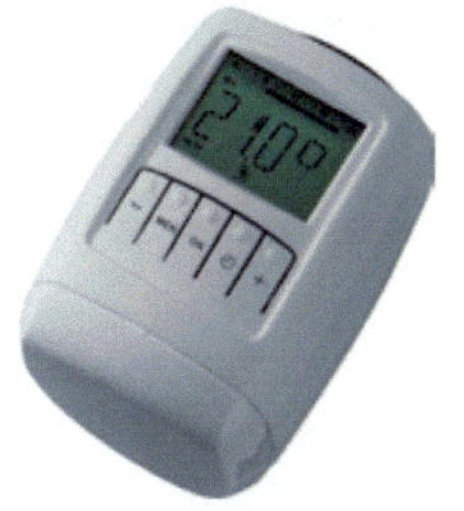

Figura 3.18
Cabezal termostático electrónico.
(*Fuente*: Ferroli).

Los sistemas de emisión por radiadores están ampliamente extendidos en edificación, sobre todo en las zonas de clima frío. Como se verá en el próximo capítulo, estos sistemas de radiadores se han ido adaptando tanto a los nuevos materiales de tuberías como a los nuevos sistemas de producción de calor mediante energías renovables. Estos nuevos sistemas de producción consiguen una temperatura inferior a los sistemas de producción de calor tradicionales mediante la combustión de productos fósiles. Los nuevos radiadores a baja temperatura se verán en el siguiente capítulo, en los que la potencia nominal se emite con temperaturas de entrada de agua en torno a los 40 °C.

3.3. Calefacción por superficies radiantes

Los sistemas radiantes consisten en la emisión de calor a través de paredes, techos o suelos en los que se ha empotrado una tubería por la que circula agua caliente. El agua circula a temperatura aproximada de 35 °C, aunque en la actualidad estos sistemas también permiten circular agua fría a 18 °C, de modo que se puede refrigerar la estancia.

FUNDAMENTAL

La norma UNE-EN-1264, partes 1-2-3 y 4, establece las definiciones y símbolos, la determinación de la potencia térmica, el dimensionamiento y la instalación de los sistemas radiantes.
Los datos de temperatura de referencia para los sistemas de suelo radiante para calor y refrigeración pueden verse en el siguiente esquema:

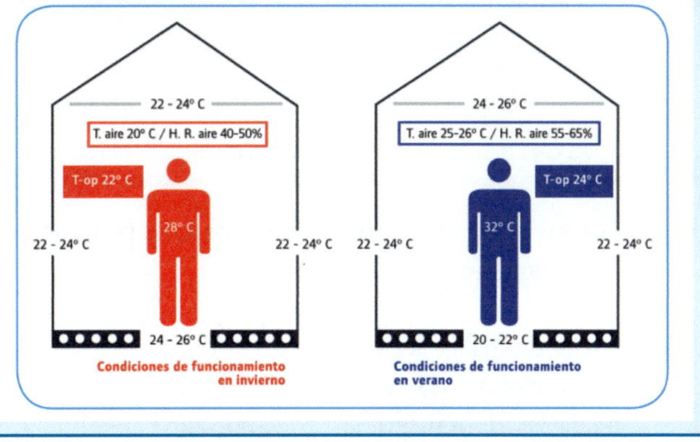

La climatización por suelo radiante es la más utilizada entre estos sistemas llamados *de climatización invisible*, aunque los techos radiantes, especialmente en su versión como techos refrescantes, tienen cada vez más repercusión en instalaciones convencionales. Las principales ventajas de los sistemas de suelo radiante son:

- Mayor confort. El mayor confort de los sistemas de suelo radiante viene determinado básicamente por la eliminación de dos causas de malestar térmico. Los sistemas radiantes no producen corrientes de aire, dado que su principal forma de transmisión de calor es por radiación, eliminando las pequeñas corrientes de convección que se producen en sistemas por radiadores o las grandes corrientes en sistemas de todo aire.
- Amplitud de espacios. No es necesario disponer de espacio para sistemas de radiadores, que posteriormente condicionan la distribución del mobiliario en la vivienda.
- Ahorro energético. Dado que las temperaturas de distribución son bajas en calor, podremos emplear fuentes de producción renovable, además de disminuir las pérdidas de calor en sistemas de distribución, lo que supone un considerable ahorro energético.
- Temperatura homogénea. Los sistemas radiantes empotrados en suelo para calefacción disminuyen el gradiente vertical de temperatura, de modo que la temperatura en pies y cabeza es más homogénea, eliminando otra causa de malestar térmico en dependencias.

WWW

Recursos web

La norma UNE-EN-1264, parte 2, establece una limitación de temperatura máxima del suelo de 29 °C para calefacción.

En el caso de instalaciones de calefacción y refrigeración deberemos tener en cuenta los fenómenos de condensación en el suelo debido a la acción de superficies frías por debajo de la temperatura de rocío. Debemos impulsar agua por encima de 18 °C para evitar este fenómeno, que puede resultar peligroso para los usuarios.

Puedes conocer las características de otros sistemas radiantes en los siguientes enlaces:

Dado que el sistema más empleado en instalaciones convencionales es el sistema de suelo radiante, en adelante nos centraremos en la descripción de estos sistemas.

3.3.1. Componentes de los sistemas radiantes por suelo

En el presente apartado se describen los componentes principales para la configuración de un sistema de calefacción por suelo radiante.

- Panel de aislamiento y soporte de la tubería (figura 3.19). Sus funciones son minimizar las pérdidas hacia las estancias inferiores, de manera que le emisión de calor se produzca hacia las dependencias a climatizar y no hacia el forjado o losa inferior. El panel sirve también como soporte de las tuberías. El sistema de soporte varía en función del fabricante y tipología de construcción. El más tradicional ha sido el sistema por tetones, aunque existen otros sistemas en los que el soporte de la tubería se realiza mediante el grapado de la tubería al panel o, los más novedosos, el sistema de autofijación, en el que la tubería se une mediante cinta continua adhesiva a lo largo de la tubería.

La altura de los tetones está diseñada para alojarlas tuberías de diámetro 16 a 20 mm (figura 3.20).

Estos paneles se han mejorado con materiales añadidos que mejoran el comportamiento del panel y por tanto del sistema contra el ruido de impacto (figura 3.21).

Figura 3.19
Panel aislante con sistema Nubos.
(*Fuente*: Uponor).

Figura 3.20
Unión machihembrada de paneles.
(*Fuente*: Uponor).

Figura 3.21
Panel de autofijación.
(*Fuente*: Uponor).

SABÍAS QUE...

Los niveles de resistencia térmica de los paneles oscilan entre 0,75 m^2k/W (valor mínimo que contempla la UNE-EN-1264) hasta 2 m^2k/W. Estos niveles de resistencia suponen, para espesores medios de 25 mm, un coeficiente λ entre 0,033 y 0,025 W/mk.

FUNDAMENTAL

En el caso de que la planta en la que se va a disponer el suelo se encuentre en contacto con el terreno, será necesario disponer una lámina de polietileno antihumedad antes de colocar los paneles aislantes.

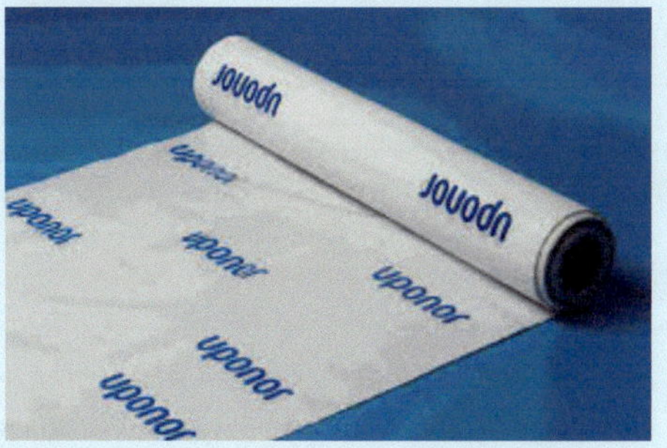

Existen otros sistemas de montaje de los tubos sobre el panel, como el propuesto por la marca Roth, en el que la tubería se coloca sobre el panel aislante mediante grapas de sujeción.

- Tubería. Se dispone sobre el panel con el sistema de sujeción elegido. Su función es conducir a las diferentes dependencias el fluido, formando circuitos en contacto con la capa de mortero superior que transmite el calor a la estancia. Estas tuberías parten del colector de impulsión, recorren la estancia y vuelven al colector de retorno. No se realizan empalmes de la tubería, por lo que es necesario estudiar el reparto de circuitos para evitar la excesiva pérdida de materiales por despuntes. Los diámetros utilizados van desde 16 a 20 mm en sistemas de obra nueva. La forma de suministro es en rollos de 240 o 640 m (figura 3.22).

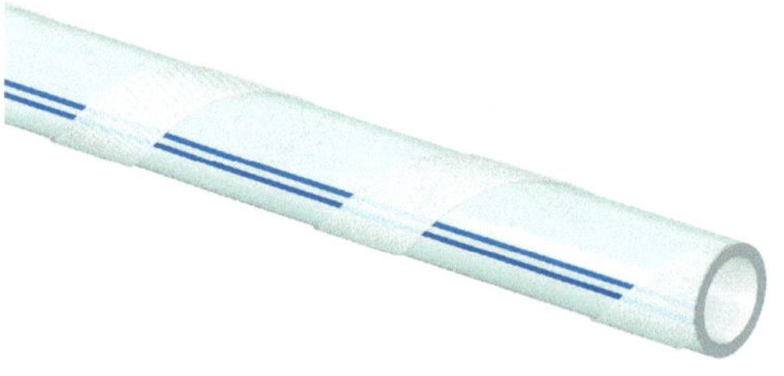

Figura 3.22
Tubería Confort Pipe sistema de autofijación.
(*Fuente*: Uponor).

FUNDAMENTAL

La tubería debe disponer de barrera antidifusión de oxigeno (EVOH), que impide la penetración de oxígeno en el interior de la instalación. De este modo se protege a los elementos metálicos de la instalación frente a la oxidación. Se utiliza por tanto una tubería de varias capas, PEX-a, barrera antidifusión (EVOH) y capa exterior para protección.

El parámetro de diseño de la instalación contempla el "paso" de tuberías, es decir, la distancia entre tubos en una dependencia. Lo habitual es la utilización de las siguientes distancias entre tubos:

Zona	Paso (cm)
Habitaciones, salones, cocinas, etc.	15
Baños	10
Zonas perimetrales	5

SABÍAS QUE...

Las condiciones de uso de las tuberías se corresponden con la clase 4 para una presión de trabajo de 4 bar y una vida útil mayor de 50 años.

El tendido de la tubería se realiza por los pasillos, desde el colector hasta la estancia, entrando siempre por la puerta de la dependencia, sin atravesar tabiques.

- Zócalo perimetral. Para soportar las dilataciones de la losa de mortero que cubre el sistema radiante es necesario cubrir todo el perímetro con un material flexible, que evite el contacto directo del mortero con las paredes y elementos de la construcción (figura 3.23).

  Se coloca en la base de las paredes de cada dependencia, desde el suelo hasta la parte más alta de la capa de mortero. Dispone de un faldón que ha de adherirse al panel una vez colocadas las tuberías, de modo que el mortero no pueda penetrar bajo el panel. También dispone de cinta adhesiva para fijación al tabique.
- Sistema de colectores. Los colectores distribuyen el agua a los diferentes circuitos de la instalación desde el sistema de impulsión. Están insertados en una caja metálica, y disponen de cabezales con caudalímetros en la impulsión y cabezales termostáticos en el retorno. El colector dispone además de tomas de llenado y vaciado, termómetros, purgadores y válvulas generales de entrada y retorno (figura 3.24).

Recurso web

WWW

Puedes conocer más detalle sobre los elementos de suelo en el siguiente vídeo titulado *Sistema Autofijación Klett de Uponor* para suelo radiante. Accede a él mediante este código QR:

En la figura anterior se observa cómo en la misma caja se dispone de los elementos de regulación. Un control central recibe la señal de los termostatos situados en las dependencias, actuando sobre el cabezal termostático del circuito para abrirlo o cerrarlo de acuerdo con la consigna del termostato. Los cabezales termostáticos cierran el circuito cuando reciben la orden del sistema de control que comunica con el termostato de su zona. El cierre del circuito lo realiza mediante la expansión de la sustancia interior cuando es alimentado a 24 V (figura 3.25) o, dependiendo del modelo, a 230 V.

Figura 3.23
Rollo de zócalo perimetral.
(*Fuente*: Uponor).

Figura 3.24
Caja y colector para 7 circuitos.
(*Fuente*: Uponor).

Figura 3.25
Cabezal termostático 24 V con indicador de posición.
(*Fuente*: Uponor).

Recurso web

Para conocer más detalle sobre los colectores y sistemas de control te recomendamos el vídeo titulado *Comfort Port, cajas de colectores para suelo radiante de Uponor, configuradas de fábrica*. Puedes acceder a este vídeo mediante este código QR:

3.3.2. Ejecución de las instalaciones de suelo radiante

Una vez conocemos los elementos del sistema, se pasará a describir las acciones necesarias para su instalación:

- Es recomendable iniciar la instalación una vez se encuentran ejecutadas en obra las divisiones interiores, cerramientos y revestimientos.
- La superficie del forjado de soporte debe estar limpia y seca.
- Han de considerarse los niveles de acabado, sumando las alturas del sistema de suelo elegido, la capa de mortero más la solería.

Cuando toda la superficie está dispuesta para la colocación del sistema radiante, procedemos del siguiente modo:

- Colocación del zócalo perimetral.
- Instalación de los paneles aislantes. La colocación se realiza de forma ordenada, respetando las marcas de los paneles que posteriormente nos servirán como guía para el tendido de la tubería (figura 3.26).

Figura 3.26
Tendido de panel aislante.
(*Fuente*: IES Heliópolis).

- Unión de los paneles mediante el sistema de machihembrado. En el caso de paneles aislantes lisos o sistemas de autofijación, debemos sellar los paneles con cinta para el caso de paneles lisos del sistema de autofijación.
- Sellado del borde perimetral. Se utiliza el faldón de la cinta de zócalo para evitar que el mortero penetre en la parte inferior de la placa aislante.

- Tendido de la tubería. Para ello se utiliza un desbobinador, dado que la longitud total del rollo de tubería es grande y su peso elevado. Para el tendido de la tubería sobre el panel es importante disponer de plano de replanteo, de modo que conozcamos números de circuitos, longitud de cada uno de ellos, paso, área suministrada, características del pavimento que lo cubrirá, caudal necesario y pérdidas de carga. El recorrido que la tubería realiza hasta la dependencia discurre por los pasillos hasta llegar a la puerta de la dependencia. Una vez dentro de la dependencia se recorre la zona perimetral a una distancia de 5 cm del paramento, para posteriormente realizar el dibujo en el interior de la habitación al paso de 10 o 15 según corresponda. Este trazado puede ser:
  - Serpentín simple. No recomendado.
  - Doble serpentín. Se suele usar en locales donde la dimensión longitudinal es considerable con respecto a la transversal.
  - Espiral. Es el más recomendable por la homogeneidad que aporta, dado que las tuberías de ida y retorno se van alternando (figura 3.27).

Figura 3.27
Montaje de tuberías.
(*Fuente*: IES Heliópolis).

- Conexión de los circuitos al colector mediante los conectores específicos con junta y anillo.

El llenado de la instalación, la prueba de presión y estanqueidad corresponden a contenidos de capítulos posteriores.

Una vez comprobadas las tuberías, se procede al hormigonado de la capa superior, que puede hacerse con mortero tradicional con aditivo o mediante un mortero autonivelante de elevada conductividad térmica. Estos morteros pueden aplicarse con capas de menor espesor (mínimo 3 cm) que los morteros tradicionales (mínimo 4,5 cm), lo que ayuda a reducir el espesor total del sistema. La principal característica del mortero para suelo radiante es su elevada conductividad térmica, del orden de 1,7 W/mK, lo que permite disminuir la inercia térmica del sistema con el consiguiente ahorro energético.

3.4. Fan Coils y aerotermos

Un Fan Coil es un equipo en el que se conjugan dos elementos básicos en climatización: *fan* (ventilador) y *coil* (batería). Esta combinación hace que el aire que circula a través del equipo, forzado por el ventilador, intercambie calor con el fluido caloportador, principalmente agua, que circula por el interior de la batería. Existen diferentes tipologías dependiendo de su uso y prestaciones, las cuales las podemos resumir en las siguientes:

Dependiendo de la cantidad de baterías:

- Dos tubos. Dispone de una batería, por la cual puede circular agua fría o caliente.
- Cuatro tubos. Dispone de dos baterías, de modo que puede circular agua fría y caliente, de manera que aumenta los procesos psicométricos posibles.

Dependiendo de la construcción:

- Conductos. Como puede verse en la figura 3.28, el equipo está preparado para su conexión a una red de conductos. El equipo dispone de conexión de red de agua (entrada y salida), purgador, caja de conexiones eléctricas, bandeja de condensados.
- Cassette. Son equipos especialmente concebidos para su instalación en techos de placas (figura 3.29).
- Suelo, techo o pared. Son equipos carrozados pensados para su colocación sobre paredes, techos o directamente apoyados en el suelo (figura 3.30).

Figura 3.28
Fan Coil conductos.
(*Fuente*: Baxi).

Figura 3.29
Fan Coil cassette.
(*Fuente*: Baxi).

Figura 3.30
Fan Coil suelo.
(*Fuente*: Ferroli).

Como puede verse en los equipos anteriores, es difícil diferenciarlos de unidades interiores de equipos Split de expansión directa. La principal diferencia es que, por el interior de la batería, en los equipos Split circula refrigerante y no agua como circula en el Fan Coil. El esquema de funcionamiento puede verse en la figura 3.31.

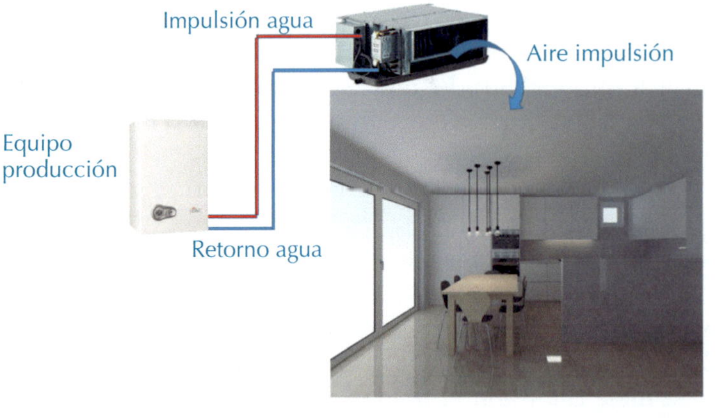

Figura 3.31
Esquema instalación Fan Coil.

FUNDAMENTAL

La entrada de agua al Fan Coil para calefacción se realiza entre 50 y 70 °C considerando un salto térmico de 10 °C, por lo que el agua de retorno saldrá entre 40 y 60 °C. En el caso de refrigeración, la temperatura de entrada de agua fría sería 7 °C, con un salto térmico de 5 °C, por lo que la salida del agua sería a 12 °C.

A continuación, se incluye una tabla de especificaciones técnicas de una serie de equipos Fan Coil de la marca Ferroli (figura 3.32). En ella puede verse la gama de potencias tanto en refrigeración como en calefacción, los caudales de agua por la batería y los caudales de aire a diferentes velocidades, los datos acústicos, los diámetros de las conexiones y otros datos de interés para la selección del equipo.

Datos técnicos

MODELO		Uds.	15	20	30	40	50	60	80	100	120
Potencia frigorífica (1)	Vel. máx.	W	1100	1400	2100	2800	3400	4000	4900	6100	6850
	Vel. med.	W	980	1200	1850	2450	3010	3550	4350	5500	6100
	Vel. mín.	W	770	950	1420	1900	2390	2800	3600	4400	5000
Caudal de agua		l/h	189	241	361	482	585	688	843	1049	1178
Deshumidificación máx. velocidad		g/h	230	275	500	650	750	870	930	1160	1350
Pérdida de carga lado agua		kPa	2.4	3.9	10.6	18.8	14.0	18.0	14.9	9.9	12.5
Potencia calorífica (2)	Vel. máx.	W	2800	3650	5500	6500	7800	9400	12500	14900	15800
	Vel. med.	W	2400	3150	4550	5450	6600	7900	10800	12500	13270
	Vel. mín.	W	1800	2250	3500	4000	4930	5800	8300	9600	10000
Caudal agua		l/h	241	314	473	559	671	808	1075	1281	1359
Pérdida de carga lado agua		kPa	2.9	4.9	13.2	18.5	14.0	18.1	17.7	10.8	12.1
Potencia calorífica (3)		W	1700	2050	3200	3520	4590	5100	7200	8700	9300
Pérdida de carga lado agua		kPa	2.0	3.2	7.6	15.2	13.0	14.6	12.1	8.0	10.1
Potencia térmica batería un rango (2)	Vel. máx.	W	1250	1650	2550	3150	3690	4100	5050	6200	6950
	Vel. med.	W	1070	1420	2210	2640	3150	3440	4360	5200	6190
	Vel. mín.	W	860	1130	1750	2150	2320	2820	3480	4250	4800
Caudal de agua		l/h	108	142	219	271	317	353	434	533	598
Pérdida de carga lado agua		kPa	1.7	3	8.6	13.2	3.0	4.1	6.2	12.8	16.1
Potencia calorífica resistencia eléctrica		W	800	800	1500	1500	2200	2200	2200	2600	2600
Caudal aire	Vel. máx.	m^3/h	240	280	400	515	630	780	1050	1180	1350
	Vel. med.	m^3/h	180	220	300	400	500	610	820	950	1050
	Vel. mín.	m^3/h	110	140	240	290	350	430	580	700	730
N° ventiladores		Ud	1	1	1	2	2	2	2	3	3
Presión sonora (4)	Vel. máx.	dB(A)	34	37	39	45	41	46	52	53	55
	Vel. med.	dB(A)	28	32	32	35	35	40	47	48	50
	Vel. mín.	dB(A)	22	25	28	30	26	30	39	41	42
Potencia máxima motor		W	16	20	29	57	41	61	113	125	155
Conexión batería principal		"	3/4"	3/4"	3/4"	3/4"	3/4"	3/4"	3/4"	3/4"	3/4"
Conexión bat. suplementaria un rango		"	1/2"	1/2"	1/2"	1/2"	1/2"	1/2"	1/2"	1/2"	1/2"
Contenido agua batería un rango		l	0.82	0.82	1.26	1.26	1.88	1.88	1.88	2.42	2.42
Contenido agua batería tres rangos		l	0.22	0.22	0.36	0.36	0.50	0.50	0.50	0.64	0.64
Conexión salida de condensados		mm	16	16	16	16	16	16	16	16	16

Figura 3.32
Especificaciones Fan Coil.
(*Fuente*: Ferroli).

Con el mismo esquema de funcionamiento pero para climatizar grandes espacios, sobre todo en el ámbito industrial, se emplean los aerotermos. Las potencias de los Fan Coil convencionales pueden oscilar entre los 1 y 30 kW, con caudales de aire aproximadamente de 3.000 m3/h, mientras que con los aerotermos podemos llegar a potencias superiores a los 100 kW, con caudales que pueden llegar a los 10.000 m3/h.

Los diseños de los aerotermos son más robustos, pensados para los entornos industriales para los que están concebidos, con alcances de la vena de aire mayor, dado que los espacios a climatizar suelen ser más altos y de mayores dimensiones en planta (figura 3.33).

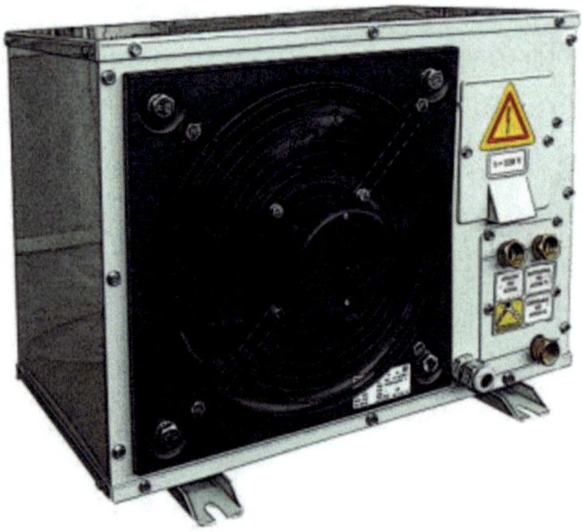

Figura 3.33
Aerotermo Serie AE-F.
(*Fuente*: Ferroli).

Resumen

- Los equipos comúnmente utilizados en instalaciones caloríficas en edificación son:
  - Instalación de radiadores.
  - Instalación mediante superficies radiantes.
  - Instalación mediante Fan Coils o ventiloconvectores.
- Dependiendo del material de fabricación, los radiadores se pueden clasificar en:
  - Radiadores de hierro fundido.
  - Radiadores de chapa
  - Radiadores de aluminio.
  - Radiadores de usos específicos. Toalleros.
- Los radiadores, en función de su forma de construcción, pueden ser:
  - Construcción por paneles.
  - Construcción por tubos.
  - Construcción por elementos.

- El salto térmico en un radiador es la diferencia entre la media de temperaturas en el radiador y la temperatura de la habitación. En los casos en los que el agua entra a 65 °C y sale a 55 °C, la temperatura media en el radiador sería 60 °C. Si la temperatura de la habituación es de 20 °C, el salto térmico en el radiador será 60 °C – 20 °C = 40 °C (DT = 40 k).
- En el ensayo de laboratorio del radiador se determina la potencia térmica del radiador a diferentes condiciones de funcionamiento, determinando la curva característica del radiador, la cual tiene la forma siguiente:

$$P = P_{\Delta T50}\left(\frac{\Delta T}{\Delta T50}\right)^n$$

P = Potencia térmica en las condiciones diferentes a las nominales.
$P_{\Delta T50}$ = Potencia térmica en condiciones nominales (para DT = 50 k).
ΔT = Salto térmico de trabajo.
ΔT = Salto térmico nominal (50 k).

- Los sistemas radiantes consisten en la emisión de calor a través de paredes, techos o suelos en los que se ha empotrado una tubería por la que circula agua caliente. El agua circula a temperatura aproximada de 35 °C, aunque en la actualidad estos sistemas también permiten circular agua fría a 18 °C, de modo que se puede refrigerar la estancia.
- Las principales ventajas de los sistemas de suelo radiante son:
  - Mayor confort.
  - Amplitud de espacios.
  - Ahorro energético.
  - Temperatura homogénea.
- Los elementos principales de un sistema de suelo radiante son los siguientes:
  - Panel aislante.
  - Zócalo perimetral.
  - Tuberías.
  - Caja de colectores.
  - Sistema de control.
- Un Fan Coil es un equipo en el que se conjugan dos elementos básicos en climatización: *fan* ('ventilador') y *coil* ('batería'). Esta combinación hace que el aire que circula a través del equipo, forzado por el ventilador, intercambie calor con el fluido caloportador, principalmente agua, que circula por el interior de la batería.
- Dependiendo de la construcción, un Fan Coil puede ser:
  - De conductos.
  - Cassette.
  - De suelo, techo o pared.
- Para climatizar grandes espacios, sobre todo en el ámbito industrial, se emplean los aerotermos. Los diseños de los aerotermos son parecidos a los Fan Coil pero más robustos, con alcances de aire mayor.

Ejercicios propuestos

1. Descarga los catálogos técnicos de los radiadores de aluminio de la marca Baxi y Ferroli y haz una comparativa de potencias por elemento entre ellas.

2. Determina los elementos que debes montar en un radiador de un dormitorio de 9 m^2 que tienes unas necesidades térmicas de 60W/m^2 en el que se van a colocar elementos de 80 W/elemento.

3. Para el radiador por elementos del ejercicio anterior, determina los materiales necesarios para el montaje y su posición en cada una de las entradas del radiador.

4. Para una vivienda se desea montar un sistema de climatización mediante Fan Coil de conductos. La superficie de la vivienda es de 75 m^2 y las necesidades térmicas medias en las dependencias a climatizar de 80 W/m^2 para calor y 65 W/m^2 para frío. Selecciona el Fan Coil necesario de la tabla de la figura 3.32 de este capítulo.

5. Determina el caudal de agua que necesitamos circular con la bomba para el Fan Coil del ejercicio anterior y la pérdida de carga en el circuito que supone el Fan Coil.

<table>
<tr><th colspan="2">Práctica</th></tr>
<tr><td colspan="2">Configuración de una instalación de radiadores para vivienda en una planta.</td></tr>
<tr><td>Objetivo</td><td>Determinar las dimensiones de radiador y resto de los materiales para instalación, así como la disposición de los radiadores en una vivienda.</td></tr>
<tr><td>Material</td><td>Plano de la vivienda y catálogo técnico de radiadores Baxi del modelo Dubal.</td></tr>
<tr><td>Procedimiento</td><td>– Sobre el plano de la vivienda (escala 1:100), realiza el diseño de la instalación de radiadores, siguiendo los siguientes pasos.
– Determina las necesidades térmicas de cada una de las dependencias, utiliza la hoja de Excel (pestaña Cargas térmicas).
– Dimensiona el número de radiadores y elementos por radiador para cada dependencia.
– Calcula los materiales necesarios para el montaje, utilizando la hoja de Excel (pestaña Materiales de radiador).

NOTA: Considera una altura de techos de 2,4 m.</td></tr>
</table>

Actividades de autoevaluación

1. Los radiadores más utilizados en instalaciones domésticas convencionales son:
   - ☐ *a)* Radiadores de hierro fundido.
   - ☐ *b)* Radiadores de chapa de acero, pues se ajustan bien a los rangos de potencias en viviendas.
   - ☐ *c)* Radiadores de aluminio configurados por elementos.
2. Los radiadores de aluminio se deben colocar:
   - ☐ *a)* Siempre en la pared más fría, que suele coincidir con la pared de huecos de ventanas.
   - ☐ *b)* En la pared de la puerta de entrada a la habitación, pues es por donde entra más aire frío.
   - ☐ *c)* En cualquiera de las paredes, dado que el radiador emite fundamentalmente por convección y el aire circula al resto de la dependencia.
3. La instalación de los radiadores se debe realizar:
   - ☐ *a)* Mínimo 10 cm del suelo y 10 cm de la pared.
   - ☐ *b)* Máximo 10 cm del suelo y mínimo 5 cm de la pared.
   - ☐ *c)* Mínimo 12 cm del suelo y entre 2-5 cm de la pared.
4. El salto térmico en el radiador es:
   - ☐ *a)* La diferencia entre la temperatura de entrada y salida del agua en el radiador.
   - ☐ *b)* La diferencia entre la media de temperaturas del radiador y de la temperatura ambiente.
   - ☐ *c)* La diferencia entre la temperatura de entrada de agua del radiador y de la temperatura ambiente.
5. La potencia nominal del radiador se ha determinado según la norma UNE-EN-442:
   - ☐ *a)* Para 40 k, y esta potencia desciende si aumentamos el salto térmico.
   - ☐ *b)* Para 50 k, y esta potencia desciende si disminuimos el salto térmico.
   - ☐ *c)* Para 50 k, y esta potencia desciende si aumentamos el salto térmico.
6. Las tuberías para suelo radiante se suelen montar en las siguientes dimensiones:
   - ☐ *a)* Los diámetros utilizados van desde 16 a 20 mm en sistemas de obra nueva. La forma de suministro es en rollos de 240 o 640 m.
   - ☐ *b)* Diámetros a partir de 20 mm que mejoran el flujo de agua en el suelo.
   - ☐ *c)* Los diámetros utilizados van desde 16 a 20 mm en sistemas de obra nueva y tuberías en barras de 6 m.
7. El zócalo perimetral se coloca:
   - ☐ *a)* En todo el perímetro del suelo radiante.
   - ☐ *b)* Solo en las zonas donde tengamos pilares.
   - ☐ *c)* En las juntas de dilatación del edificio.

8. El sistema de suelo radiante es:
   - ☐ *a)* Más caro que el sistema de radiadores.
   - ☐ *b)* Más barato que el sistema de radiadores.
   - ☐ *c)* El coste total de los sistemas no solo debe contemplar el coste de compra del material, también hay que tener en cuenta el coste de instalación y el coste de explotación.

9. Los Fans Coil de 4 tubos son:
   - ☐ *a)* Equipos que disponen de dos baterías, una para agua caliente y otra fría.
   - ☐ *b)* Equipos que disponen de dos baterías, una para refrigerante y otra para agua de caldera.
   - ☐ *c)* Estos equipos ya no se instalan, pues mediante valvulería exterior podemos decidir si por la batería circula agua caliente o fría.

10. Los aerotermos son equipos:
    - ☐ *a)* Con mayores potencias que los Fans Coils pero con menor alcance de aire.
    - ☐ *b)* Equipos iguales que los Fans Coils pero con carrozado tipo industrial.
    - ☐ *c)* Equipos con mayores potencias que los Fans Coils y mayor alcance de vena de aire.

SOLUCIONES:

1.	a	b	**[c]**	**5.**	a	**[b]**	c				
2.	**[a]**	b	c	**6.**	**[a]**	b	c	**9.**	**[a]**	b	c
3.	a	b	**[c]**	**7.**	**[a]**	b	c	**10.**	a	b	**[c]**
4.	a	**[b]**	c	**8.**	a	b	**[c]**				

4

Nuevas técnicas de equipos de producción y emisión en instalaciones caloríficas

Objetivos

- ✓ Conocer los nuevos equipos de producción y emisión de calor.
- ✓ Diferenciar estos equipos con los medios de producción utilizados tradicionalmente.
- ✓ Saber cuáles son las condiciones de operación de los nuevos equipos de producción y emisión de calor.
- ✓ Establecer las condiciones de instalación y los materiales para el montaje de los equipos.

Mapa conceptual

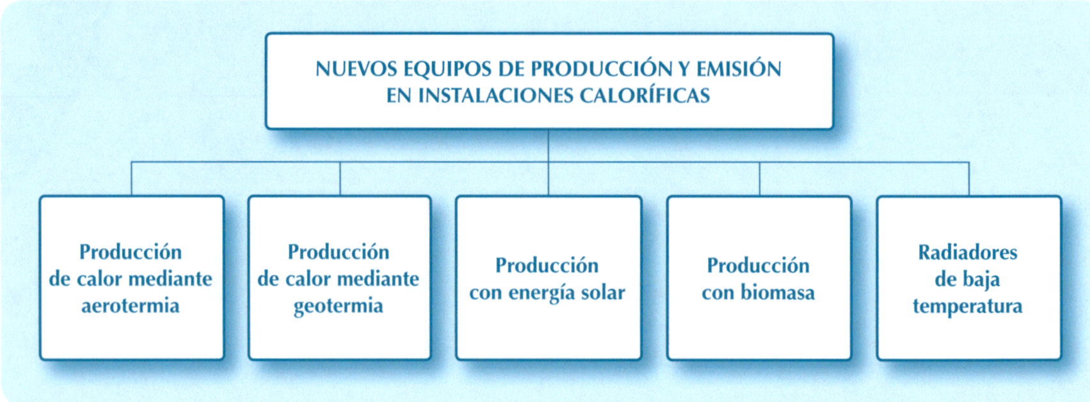

Glosario

Aerotermia. Es una tecnología basada en la bomba de calor que aporta calefacción en invierno, refrigeración en verano y ACS todo el año. El calor aportado se extrae del aire exterior.

Biomasa. La biomasa es un combustible procedente de procesos agrícolas o forestales transformado y adaptado para su uso en calderas.

Energía solar térmica. Es una fuente de energía renovable ampliamente utilizada en nuestro caso para producción de ACS. Esta tecnología se está integrando cada vez más en sistemas de producción en los que se utilizan varias tecnologías de producción de forma alternativa en función del coste y disponibilidad de cada una de ellas.

Geotermia. Al igual que la tecnología de aerotermia, los equipos son bombas de calor. La principal diferencia es que estos equipos extraen el calor aportado del suelo. Su rendimiento es mayor, dado que la temperatura del suelo en profundidad es constante.

Radiadores de baja temperatura. Equipos emisores de calor de nueva generación, en los que se conjugan ventiladores y batería de agua. Se conjuga la transmisión de calor por radiación y convección.

4.1. Introducción

En el presente apartado se describen algunas de las nuevas técnicas de producción y emisión de calor para instalaciones de calefacción domésticas. Básicamente, estos nuevos equipos se basan en dos principios:

- Ahorro energético.
- Reducción de las emisiones de Co_2.

SABÍAS QUE...

Aproximadamente el 25 % del consumo energético de una vivienda se produce en la preparación de ACS, mientras que el 45 % se utiliza para la climatización.

Con un adecuado aislamiento de la vivienda se pueden reducir hasta un 50 % las necesidades de calor en las dependencias para conseguir la temperatura de consigna adecuada.

La principal diferencia entre las nuevas técnicas de producción de calor y los equipos convencionales son las temperaturas de trabajo. Como medios novedosos para la producción de calor necesario para la calefacción y ACS en instalaciones residenciales y terciarias de pequeña envergadura, trataremos los siguientes:

- Producción mediante aerotermia.
- Producción de calor mediante geotermia.
- Producción de calor mediante energía solar.
- Producción de calor mediante biomasa.

Los medios de producción irán relacionados con las instalaciones de emisión, en este caso tendremos fundamentalmente:

- Emisión por radiadores de baja temperatura.
- Emisión por suelo radiante.
- Emisión por Fan Coil.

Dado que los sistemas de emisión por suelo radiante y los de Fan Coil se han tratado en capítulos anteriores, nos centraremos ahora en describir los sistemas de emisión por radiadores de baja temperatura.

Recurso web

www

A través del siguiente código QR puedes ver la estadística de consumo energético para calefacción y para ACS en los hogares:

4.2. Producción de calor por aerotermia

La producción de calor por aerotermia está teniendo una aceptación cada vez mayor en instalaciones domésticas y pequeñas instalaciones del sector terciario. La aerotermia está considerada como una forma de producción renovable y, por tanto, bajo una serie de premisas puede sustituir a los paneles solares para el cumplimiento de la contribución solar mínima para la producción de ACS que marca el Código Técnico de la Edificación.

4.2.1. Fundamentos de la aerotermia

Las máquinas de aerotermia son bombas de calor, que extraen el calor del medio exterior y lo entregan en la instalación interior. Son capaces de producir agua fría en verano, agua caliente en invierno y ACS todo el año. Se basa en un ciclo termodinámico en el que un refrigerante soporta el ciclo de evaporación, compresión, condensación y expansión, utilizando el calor del medio exterior y cediéndolo al medio interior. Se trata de una maquina aire-agua, de modo que el calor extraído del aire exterior es cedido en un intercambiador interior al agua de calefacción.

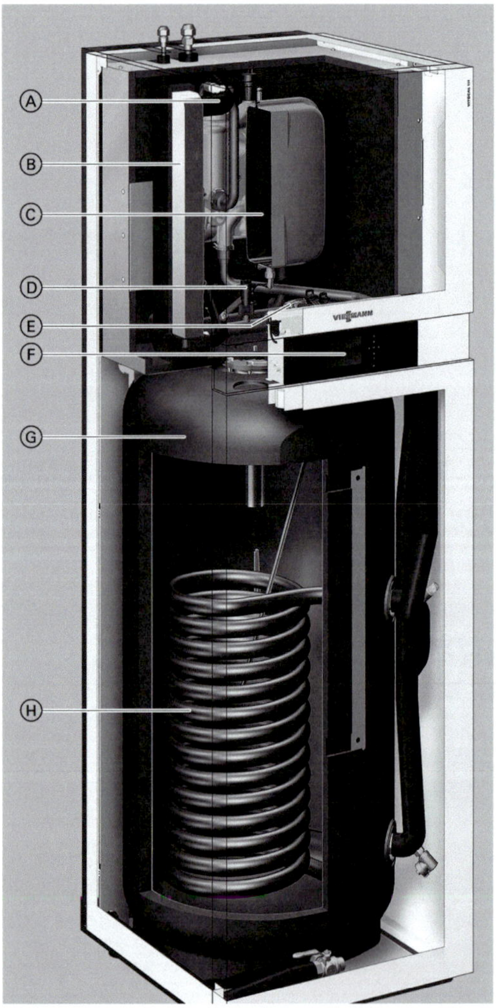

Ⓐ Resistencia eléctrica (accesorio)
Ⓑ Condensador
Ⓒ Depósito de expansión a presión
Ⓓ Detector de flujo
Ⓔ Bomba secundaria (bomba de circulación de alta eficiencia)
Ⓕ Regulación de la bomba de calor Vitotronic 200
Ⓖ Interacumulador de A.C.S. de 210 l de capacidad
Ⓗ Intercambiador de calor interno para el calentamiento del interacumulador

Figura 4.1
Configuración y elementos de unidad interior del modelo Vitocal 111.
(*Fuente*: Viessmann).

Las principales ventajas son:

- Mayor eficiencia que los métodos convencionales.
- Fuente de energía renovable.
- Fácil mantenimiento.
- Eliminación de la combustión.
- Instalación más sencilla que las instalaciones de placas solares.

TOMA NOTA

Frente a estas ventajas, podemos decir que el principal hándicap de este tipo de instalaciones es su mayor coste inicial: necesita un mayor desembolso inicial. Este mayor coste puede amortizarse en pocos años, dado que su rendimiento en mayor.

La configuración interior de una máquina de aerotermia puede verse en la figura 4.1.

Otro inconveniente de este tipo de equipos es la necesidad de disponer de un espacio en el interior de la vivienda para la ubicación de la unidad interior (figura 4.2). En el caso de que disponga de producción y almacenamiento de ACS, este espacio puede ser considerable.

El rendimiento de una máquina puede explicarse como el coeficiente entre la energía o trabajo útil producido por la máquina y la energía o trabajo útil que es necesario aportar para que la máquina produzca ese trabajo. En las bombas de calor, los rendimientos se obtienen comparando las energías entregadas al agua en el condensador y la energía consumida por el compresor del ciclo frigorífico. Estos rendimientos en modo calefacción se llaman COP (Coeficient of Performance), y en las máquinas de aerotermia suelen estar en torno a COP = 4. Esto quiere decir que podemos suministrar 4 kWh de energía al agua, consumiendo solo 1 kWh de energía en el compresor.

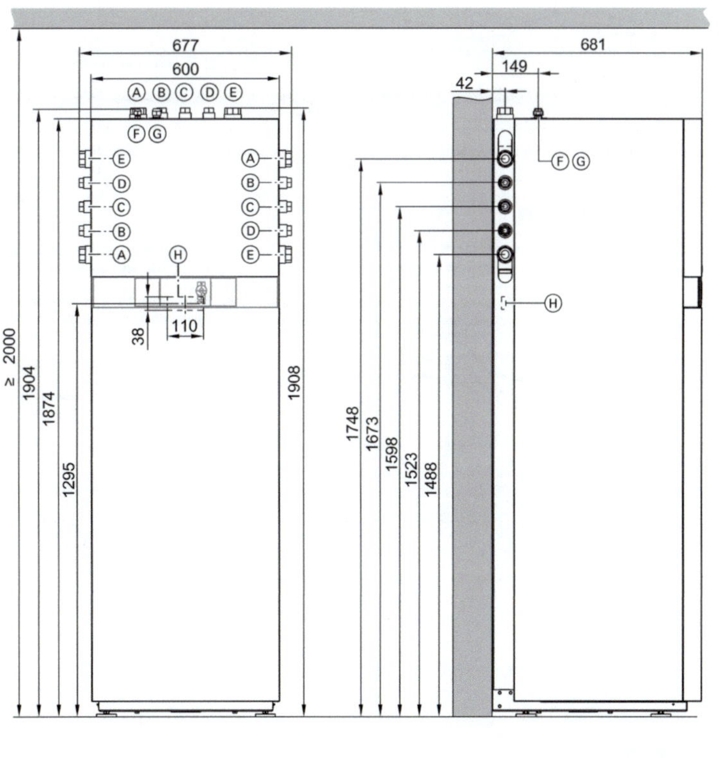

Figura 4.2
Dimensiones de unidad interior del modelo Vitocal 111.
(*Fuente*: Viessmann).

WWW

Recurso web

Puedes conocer más sobre el ciclo frigorífico mediante una clase de termodinámica en la que se explica de forma sencilla qué es y en qué consiste un sistema de refrigeración. Accede a ella con este QR.

SABÍAS QUE...

El rendimiento de la bomba de calor varía en función de las temperaturas de condensación y evaporación. El trabajo del compresor aumenta al aumentar la diferencia entre las dos temperaturas. Es por ello que debemos analizar los rendimientos de la máquina en función de las condiciones de trabajo. Los manuales de los fabricantes entregan estos valores para diferentes modos de funcionamiento y puntos de servicio (figura 4.3).

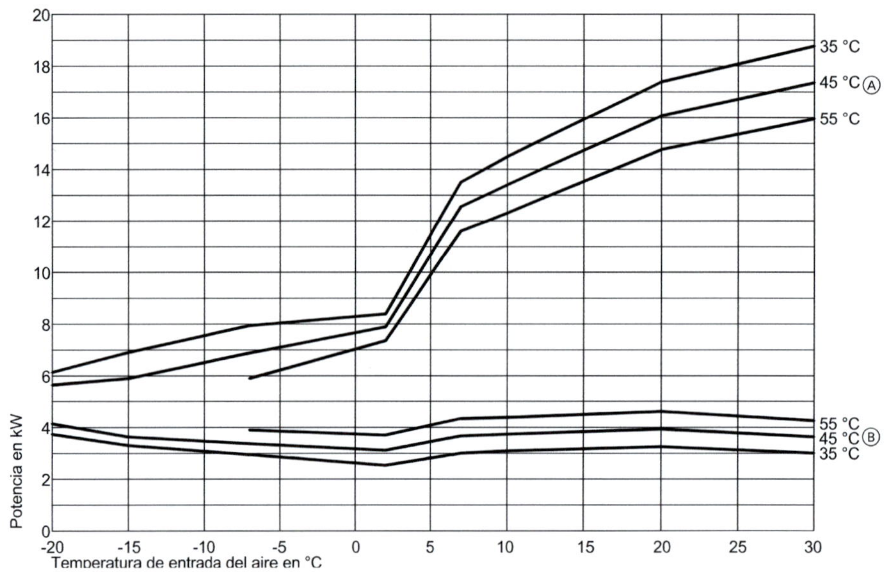

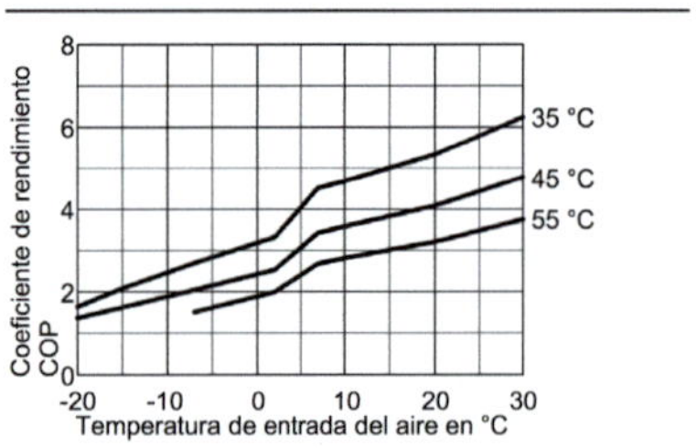

Curvas características en función de la temperatura de impulsión:

Ⓐ Potencia de calefacción a temperaturas de impulsión de 35 °C, 45 °C, 55 °C

Ⓑ Potencia eléctrica consumida de la calefacción a temperaturas de impulsión de 35 °C, 45 °C, 55 °C

Indicación

- *El cálculo de los datos para el COP de las tablas y los diagramas se basa en la EN 14511.*
- *Las características de potencia se aplican a equipos nuevos con intercambiadores de calor de placas limpios.*

Punto de servicio			35							
	W	°C								
	A	°C	–20	–15	–7	2	7	10	20	30
Potencia de calefacción		kW	6,14	6,90	7,95	8,40	13,50	14,48	17,38	18,77
Potencia eléctrica consumida		kW	3,74	3,30	2,94	2,53	3,00	3,09	3,25	3,00
Coeficiente de rendimiento ε (COP)			1,64	2,09	2,70	3,32	4,50	4,68	5,34	6,25

Figura 4.3
Especificaciones técnicas Vitocal.
(*Fuente:* Viessmann)

Actividad propuesta 4.1

Sobre la ficha de características del equipo de la figura 4.3, analiza los coeficientes COP para los diferentes puntos de funcionamiento. Suponiendo una temperatura de aire exterior de 5 °C y una temperatura de preparación de 35 °C para agua de calefacción, determina:

a) La potencia entregada en calefacción.
b) La potencia consumida por el compresor.
c) COP para ese punto de funcionamiento.

4.2.2. Montaje e instalaciones tipo

La ventaja principal de los equipos de aerotermia es su alto rendimiento y eficiencia energética, tanto para la producción de agua caliente como fría, por lo que es posible instalarlos en sistemas de climatización, tanto calefacción como refrigeración, ambos combinados con la producción de ACS. En estos casos, los equipos podrían trabajar en:

- Modo invierno: producción de ACS y agua caliente para calefacción.
- Modo verano: producción de ACS y agua fría para refrigeración.

Es evidente que la producción de ACS y agua para climatización se realizan de forma independiente, nunca se mezclan estos dos circuitos. La bomba de calor realiza la cesión de calor en el intercambiador interior (cuando trabaja en modo invierno) al agua a una temperatura máxima aproximada de 50 °C; las instalaciones suelen tener sistemas de emisión por agua a baja temperatura, esto es, suelo radiante o Fan Coil. Un esquema básico de instalación puede verse en la figura 4.4.

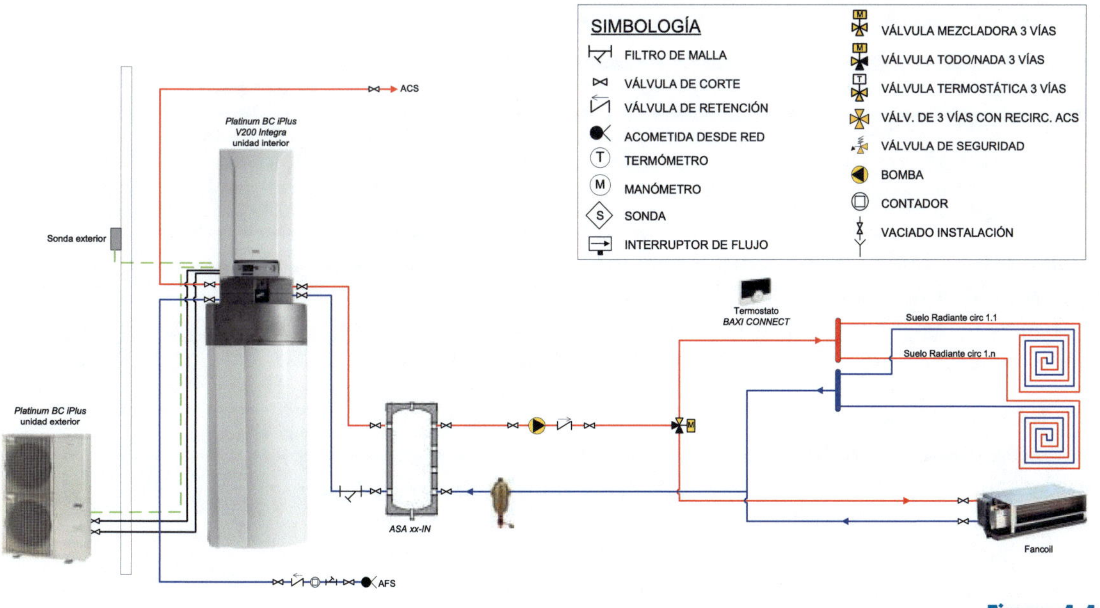

Figura 4.4
Esquema básico de instalación de aerotermia.
(*Fuente*: Baxi).

El esquema anterior representa una instalación tipo de aerotermia para climatización y ACS. Puede verse el equipo de aerotermia compuesto por la unidad exterior y la unidad interior. Esta unidad interior dispone de depósito de acumulación de ACS. Estos depósitos pueden tener un volumen de acumulación entre 180 y 250 litros para instalaciones convencionales.

Figura 4.5
Depósito de inercia.
(*Fuente*: Ferroli).

En el circuito de calefacción se ha instalado un depósito de inercia, de modo que se independicen hidráulicamente los circuitos de producción o los de emisión. El dimensionamiento correcto de este depósito de inercia hace que se garantice el correcto funcionamiento del equipo de aerotermia, sin excesivos ciclos de arranque y paro, lo que mejora el rendimiento del equipo y la instalación.

Los volúmenes del depósito de inercia deben consultarse al fabricante de la máquina de aerotermia, aunque están en torno a 3 litros de acumulación por kW de producción, es decir, una máquina de 8 kW necesitaría como mínimo un volumen de acumulación de 24 litros. Este volumen de agua acumulada tiene como objetivo garantizar la circulación mínima de agua por el intercambiador de la máquina de aerotermia. Si este caudal mínimo se puede garantizar de otro modo, la separación hidráulica puede hacerse mediante aguja hidráulica.

RECUERDA

✓ Para entender el funcionamiento de las agujas hidráulicas y su instalación en circuitos de calefacción, puede consultarse el vídeo de separadores hidráulicos-colectores mediante el siguiente QR:

FUNDAMENTAL

La temperatura de impulsión en modo frío para suelo radiante debe ser limitada a 18 °C para evitar el fenómeno de condensación sobre el pavimento. Los Fans Coils trabajan en modo frío a temperatura nominal de 7 °C de agua fría. Por ello, para poder trabajar con la instalación de suelo radiante y Fan Coil es necesario realizar un estudio de las temperaturas de trabajo, que tenga en cuenta estos dos parámetros. De este modo podremos:

- Trabajar con producción a 7 °C y limitar mediante válvula mezcladora la temperatura de impulsión al suelo.
- Trabajar con producción a 18 °C y sobredimensionar el Fan Coil para que entregue la potencia necesaria a esa temperatura.
- Trabajar solo con un sistema, o suelo o Fan Coil, de modo que tengamos una instalación de suelo radiante para calefacción y la instalación de Fan Coil para refrigeración.

En el caso de la instalación reflejada en la figura 4.5, se ha dispuesto una válvula de 3 vías con accionamiento todo/nada, de manera que, mediante el control, la instalación pasa a funcionar en modo invierno con la instalación de suelo radiante o en modo verano con la instalación de Fan Coil.

Es posible, mediante la utilización de válvulas de 3 vías mezcladoras, la utilización de ambos sistemas de manera simultánea. De esta forma, podemos ayudar con el Fan Coil a la instalación de suelo radiante en el arranque para vencer la inercia térmica de los sistemas radiantes en modo calefacción. También podemos combinar estos sistemas en modo frío, de manera que la instalación de suelo se encargue de vencer las cargas térmicas sensibles en verano, mientras que el Fan Coil se encarga de las cargas latentes.

Estos sistemas tienen la ventaja de que pueden ser totalmente monitorizados desde aplicaciones para uso desde Smartphone. De este modo podemos controlar tanto la temperatura de consigna de los termostatos de cada dependencia como los parámetros de trabajo del equipo de producción por aerotermia.

Actividad propuesta 4.2

Sobre la ficha de características del fabricante de un fan coil, investiga cómo varía la potencia térmica de los equipos cuando, en lugar de pasar agua a 7 °C en la batería para refrigeración, se pasa a 18 °C. Considera la velocidad de funcionamiento del ventilador del equipo.

Ver ficha técnica en el enlace QR adjunto:

4.3. Producción de calor por geotermia

Las instalaciones de producción de calor mediante geotermia también utilizan los principios de la bomba de calor. En este caso la máquina tendría una configuración agua-agua, de modo que obtiene el calor mediante el intercambio con un fluido que se hace circular por el terreno. El ciclo frigorífico entrega el calor obtenido del terreno a un circuito de calefacción o ACS (figura 4.6).

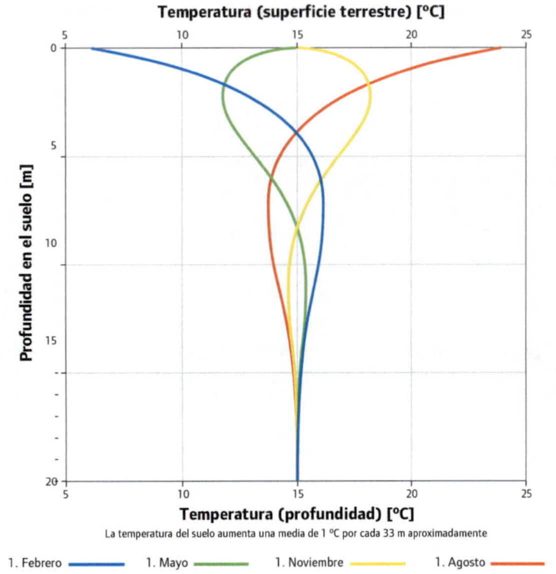

Figura 4.6
Temperatura del terreno en diferentes estaciones. (*Fuente*: Uponor).

Recuerda

✓ Los rendimientos de la bomba de calor varían con la relación de compresión. La máquina tendrá menor rendimiento si la diferencia de temperatura de condensación y evaporación es alta. En el caso de la bomba de calor con aplicación para aerotermia en funcionamiento de calefacción, dado que la temperatura de preparación de agua es en torno a los 45 °C, la máquina tendrá peor rendimiento si baja la temperatura ambiente.

La máquina de geotermia trabaja con temperaturas exteriores constantes, dado que, como puede verse en la figura 4.6, a una profundidad de 25 metros, la temperatura del suelo es constante durante todo el año (figura 4.7).

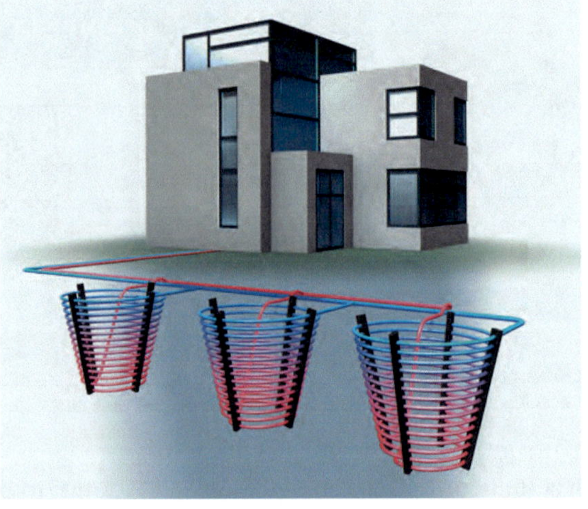

Figura. 4.7
Esquema de instalación del sistema de cesta.
(*Fuente*: Uponor).

La extracción de calor se realiza circulando agua de intercambio en contacto con el terreno. Los circuitos pueden ser configurados como pilotes en profundidad, en superficie o en cestas como los de la figura 4.8.

Figura 4.8
Cesta geotérmica instalada.
(*Fuente*: Uponor).

Figura 4.9
Captadores horizontales.
(*Fuente*: Uponor).

Las ventajas principales de estos sistemas geotérmicos son:

- Mejores prestaciones estacionales de los equipos de producción de calor.
- Sistema adaptable de múltiples tipologías de viviendas.
- Ahorro energético.
- Bajos costes de operación y mantenimiento.

4.4. Producción de calor mediante energía solar

Los sistemas de producción de agua caliente para calefacción y ACS mediante placas solares es conocido desde hace años. Su instalación para contribuir a la producción de ACS en viviendas es prescriptiva de acuerdo al CTE (figura 4.10).

Estas instalaciones han sido ampliamente utilizadas para complementar la producción de ACS en viviendas y edificaciones dotacionales. No ha sido tan amplio su uso en instalaciones de calefacción, principalmente debido a que no ha sido obligatorio su empleo por el CTE. En la actualidad se emplean como fuente de producción de agua para calefacción, utilizado como fuente secundaria que apoya otras fuentes de producción. Un ejemplo de su uso se da con intercambiadores de doble serpentín, unidos a fuentes de producción de aerotermia (figura 4.11) o calderas convencionales.

Figura 4.10
Conjunto de colectores solares.
(*Fuente*: Chromagen).

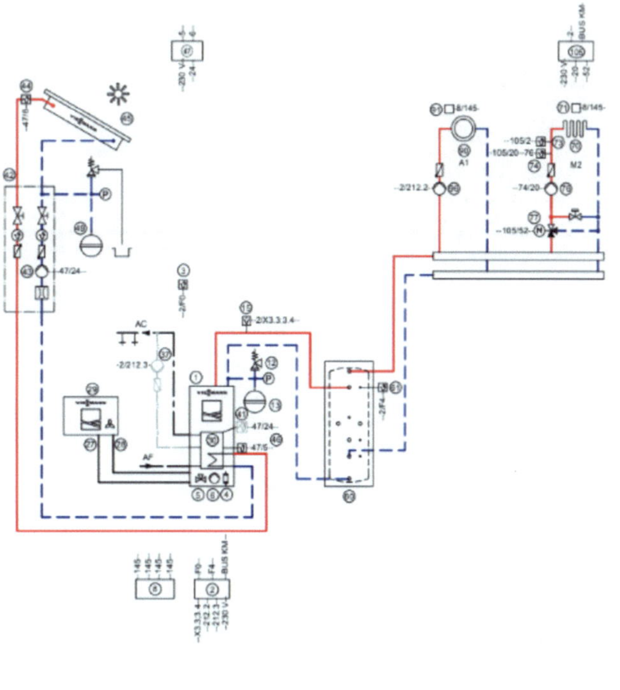

Figura 4.11
Esquema de conexión hidráulica.
(*Fuente*: Viessmann).

En la figura 4.11 puede verse una instalación de calefacción con sistema de producción de aerotermia con apoyo de sistema solar.

4.5. Producción de calor con biomasa

La producción de calor con biomasa ha tenido bastante aplicación en los últimos años. Estos equipos han sustituido a muchas calderas de gasóleo, sobre todo en entornos agrícola y rurales aislados, en los que la disponibilidad de biomasa es alta y se elimina el problema de suministro y almacenamiento de gasóleo (figura 4.12).

FUNDAMENTAL

La biomasa es una fuente de energía procedente de la materia orgánica, generalmente de un proceso agrícola o forestal. La forma más habitual para el uso en calderas domésticas es el *pellet* (figura 4.12). El *pellet* es un producto natural compuesto por cilindros de pequeño diámetro y longitud, que se suministra en bolsas o a granel para abastecimiento de las tolvas de las calderas.

La forma de suministro es en sacos de 5 kg a 25 kg y su poder calorífico es de 5,93 KWh/kg. La caldera dispone de una tolva de almacenamiento, desde la que sale un tornillo sin fin motorizado que alimenta de *pellet* el quemador (figura 4.13).

Además de las calderas de *pellet*, últimamente están teniendo bastante éxito las estufas de biomasa (figura 4.14). Estas estufas, además de tener un requerimiento estético en una de las estancias, disponen de los equipos hidráulicos para el calentamiento de agua y circulación a través de circuitos de distribución hasta los equipos emisores.

Figura 4.12
Pellet.

Figura 4.13
Caldera de biomasa.
(*Fuente*: Ferroli).

Figura 4.14
Estufa de *pellet*.
(*Fuente*: Ferroli).

4.6. Emisión a baja temperatura

Como se ha dicho anteriormente, los equipos que se han debido ajustar a las nuevas condiciones de trabajo son los radiadores, dado que tanto superficies radiantes como Fan Coil ya trabajan a esa temperatura. Por eso en este apartado nos centraremos en ellos.

Con la consigna de ahorro y eficiencia energética, los sistemas de producción tienden a bajar su temperatura de producción. Por tanto, los sistemas de emisión han tenido que adecuarse para conseguir las potencias de emisión a baja temperatura. Los radiadores son los equipos que han tenido que responder a este cambio, dado que el suelo radiante ya trabaja a esa temperatura más baja de la convencional.

Estos equipos se han dimensionado para conseguir potencias altas con temperaturas de entrada de agua en torno a los 50 °C. Como puede verse en la figura 4.15, su diseño se parece más a un Fan Coil que a un radiador convencional. Se han añadido ventiladores que mejoran el intercambio de calor por convección. Estos ventiladores son de bajas revoluciones para evitar el exceso de ruido en la estancia.

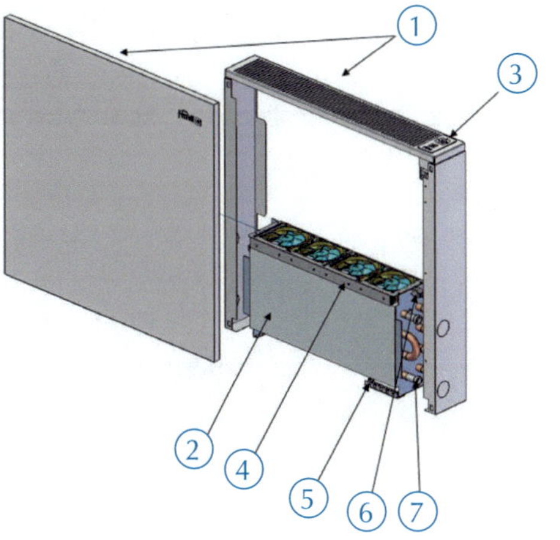

1. Carcasa exterior
2. Intercambiador térmico
3. Placa de control
4. Ventiladores
5. Sonda de temperatura ambiente
6. Sonda de temperatura de entrada agua
7. Conexiones hidráulicas

Figura 4.15
Despiece de radiador de baja temperatura.
(*Fuente*: Ferroli).

TOMA NOTA

El montaje de estos radiadores puede hacerse mediante instalación monotubo o instalación bitubo indistintamente. Para el montaje se utiliza la plantilla que acompaña al equipo en el embalaje, de modo que tendremos las posiciones de los taladros tanto de la carcasa exterior como de la batería de intercambio térmico. Una vez colocados estos elementos a la pared, se procede al acoplamiento del resto de elementos.

Es importante tener en cuenta que estos equipos, además de la conexión hidráulica, necesitan una instalación eléctrica monofásica 230 V (AC) para alimentar a la parte de control y ventiladores

Resumen

- Como medios novedosos para la producción de calor necesario para la calefacción y ACS en instalaciones residenciales y terciarias de pequeña envergadura, trataremos los siguientes:
  - Producción mediante aerotermia.
  - Producción de calor mediante geotermia.
  - Producción de calor mediante energía solar.

- Las máquinas de aerotermia son bombas de calor que extraen el calor del medio exterior y lo entregan en la instalación interior. Son capaces de producir agua fría en verano, agua caliente en invierno y ACS todo el año.
- Las principales ventajas son:
  - Mayor eficiencia que los métodos convencionales.
  - Fuente de energía renovable.
  - Fácil mantenimiento.
  - Eliminación de la combustión.
  - Instalación más sencilla que las instalaciones de placas solares.
- Las instalaciones de producción de calor mediante geotermia también utilizan los principios de la bomba de calor. En este caso la máquina tendría una configuración agua-agua, de modo que obtiene el calor mediante el intercambio con un fluido que se hace circular por el terreno.
- Las placas solares térmicas se han instalado ampliamente como contribución solar para la producción de ACS. Su aplicación en instalaciones de calefacción viene dada como apoyo a otros sistemas de producción en lo equipos multienergía.
- Los equipos de emisión también han tenido que adaptarse a las nuevas temperaturas de producción, convirtiéndose más en equipos convectores que radiadores mediante la incorporación de ventiladores.

Ejercicios propuestos

1. Descarga los catálogos técnicos de los radiadores de baja temperatura de la marca Ferroli y haz una comparativa de potencias con los radiadores por elementos del capítulo anterior.
2. Compara los caudales de agua a circular por un radiador de baja temperatura con respecto a un radiador convencional por elementos de aluminio para la misma potencia.
3. Descarga las especificaciones técnicas de la caldera SFL de Ferroli. Busca el consumo de combustible y compáralo con una caldera convencional de gasóleo (https://www.ferroli.com/media/1506590896.pdf).
4. Realiza un esquema de principios de una instalación de producción con geotermia con apoyo solar que suministra calefacción por radiadores de baja temperatura a una vivienda y ACS.
5. Sobre el esquema de principios realizado en el ejercicio anterior, incluye las temperaturas a las que circula el agua en los puntos significativos del esquema, considerando las temperaturas de producción, las temperaturas de impulsión y el salto térmico en la emisión.

Práctica

Configuración de una instalación de aerotermia y radiadores de baja temperatura para vivienda en una planta.	
Objetivo	Configurar la instalación de aerotermia para una vivienda real, determinando la potencia y equipo de producción necesario y las características y dimensiones de radiadores de baja temperatura.
Material	Plano de la vivienda y catálogo técnico de radiadores (Ferroli VARESE) y máquina de aerotermia (Viessmann Vitocal).
Procedimiento	Sobre el plano de la vivienda (escala 1:100). *a)* Determinación de carga térmica por estancia. *b)* Dimensionado de la máquina de aerotermia para calefacción y ACS. *c)* Dimensionado de los radiadores de baja temperatura en cada estancia.

ACTIVIDADES DE AUTOEVALUACIÓN

1. La principal diferencia de los nuevos equipos de producción de calor con respecto a los convencionales es:
   - ☐ *a)* La temperatura de producción.
   - ☐ *b)* La utilización de combustibles más modernos y menos contaminantes.
   - ☐ *c)* La forma de transmisión de calor.
2. Los principios en los que se basan los nuevos equipos de producción de calor son:
   - ☐ *a)* El ahorro energético y la utilización de combustibles menos contaminantes.
   - ☐ *b)* La eficiencia energética y la utilización de combustibles menos contaminantes.
   - ☐ *c)* El ahorro energético y la reducción de las emisiones de CO_2.
3. Las instalaciones más empleadas en el ámbito doméstico que emplean nuevos equipos de producción son:
   - ☐ *a)* Instalaciones de aerotermia, geotermia y energía solar térmica.
   - ☐ *b)* En el ámbito rural se emplea con frecuencia las instalaciones de biomasa.
   - ☐ *c)* Las dos respuestas anteriores son correctas.
4. El principio fundamental de los equipos de aerotermia son:
   - ☐ *a)* Los fundamentos de la bomba de calor, aplicados al calentamiento o enfriamiento de agua.
   - ☐ *b)* Una máquina térmica que toma el calor del suelo y lo cede al agua de calefacción.
   - ☐ *c)* Una bomba de calor que toma el calor del suelo y lo cede al agua de calefacción.
5. La instalación de un depósito de inercia es necesario en los equipos de aerotermia con suelo radiante para:
   - ☐ *a)* Garantizar el caudal mínimo a circular por el equipo de producción.
   - ☐ *b)* Independizar el circuito de producción con su circulador del circuito de emisión.
   - ☐ *c)* Ambas respuestas son correctas.

6. Los equipos de aerotermia:
   - ☐ *a)* Aprovechan la circunstancia de que, a cierta profundidad, la temperatura del suelo es superior a los 50 °C para transferirlo al interior de la vivienda.
   - ☐ *b)* Pueden suministrar agua caliente para calefacción o ACS extrayendo calor del aire exterior.
   - ☐ *c)* Solo funcionan cuando la temperatura exterior es mayor que la temperatura de preparación del agua de calefacción.

7. Las placas solares térmicas proporcionan:
   - ☐ *a)* Solo agua caliente, pues es para lo que las prescribe obligatoriamente el CTE.
   - ☐ *b)* Agua caliente que puede ser utilizada para calefacción o ACS.
   - ☐ *c)* Agua caliente y energía eléctrica, ya que a ambas cosas obliga el CTE.

8. Las calderas de biomasa trabajan con cualquier combustible procedente de materia orgánica agrícola o forestal:
   - ☐ *a)* La afirmación anterior es correcta.
   - ☐ *b)* Existen calderas para varios combustibles, pero hay que cambiar el quemador para cambiar de combustible.
   - ☐ *c)* La mayoría son de *pellet*, dado que los quemadores para varios combustibles generan muchos problemas de mantenimiento.

9. Los radiadores a bajan temperatura:
   - ☐ *a)* Contienen un aceite especial en el interior que se calienta con una resistencia y se transmite por convección.
   - ☐ *b)* Son equipos en los que se ha mejorado la transmisión de calor por convección para aumentar la potencia, dado que por ellos pasa agua a baja temperatura.
   - ☐ *c)* Solo se pueden conectar en configuración bitubo, pues se trata de una batería con dos salidas.

10. Los radiadores a baja temperatura constan de:
    - ☐ *a)* Carcasa, batería de intercambio térmico y electrónica para el control de temperatura.
    - ☐ *b)* Carcasa, batería de intercambio térmico y ventiladores.
    - ☐ *c)* Carcasa, batería de intercambio térmico, control, ventiladores y conexiones hidráulicas.

SOLUCIONES:

1.	**a**	b	c
2.	a	b	**c**
3.	a	b	**c**
4.	**a**	b	c
5.	a	b	**c**
6.	a	**b**	c
7.	a	**b**	c
8.	a	b	**c**
9.	a	**b**	c
10.	a	b	**c**

5

Redes de distribución de fluidos y evacuación de los productos de la combustión

Objetivos

- ✓ Conocer e identificar los principales materiales y sistemas de unión empleados en tuberías para calefacción.
- ✓ Diferenciar las distintas configuraciones de circuitos que podemos encontrarnos en instalaciones caloríficas.
- ✓ Identificar elementos auxiliares de redes de distribución en instalaciones caloríficas.
- ✓ Saber cuáles son las necesidades en la evacuación de los productos de la combustión de equipos de producción de calor.

Mapa conceptual

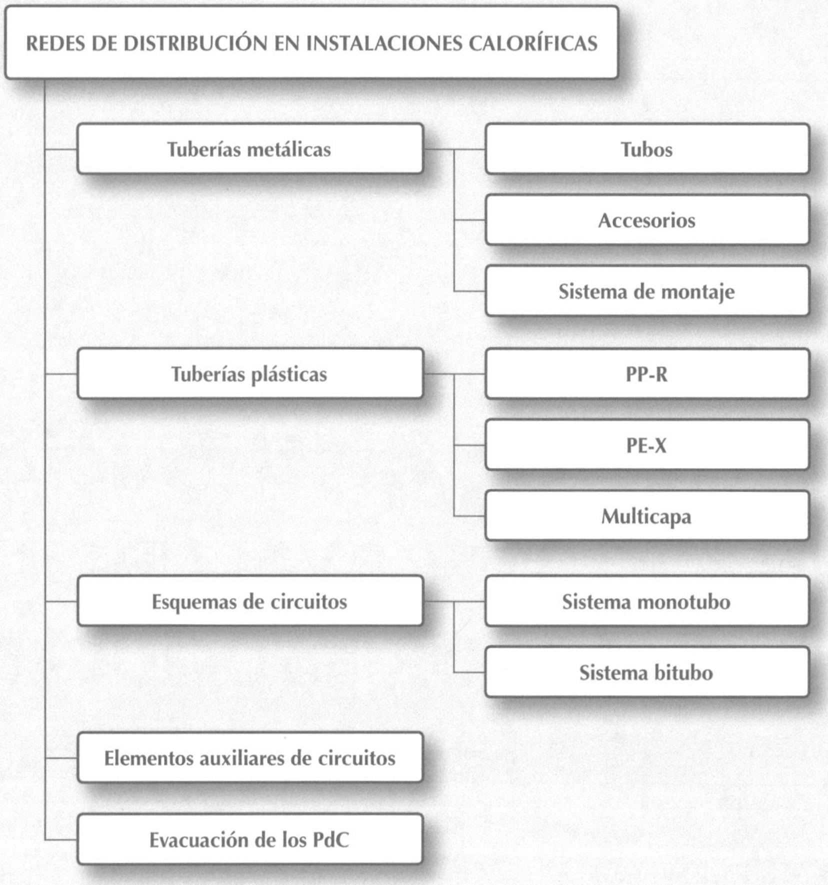

Glosario

Red de distribución. Componentes interconectados para la dispersión del calor entre el sistema generador de calor y el sistema emisor de calor o cualquier otro sistema anexo.

RITE. Reglamento de Instalaciones Térmicas en los Edificios. Principal norma de aplicación en las instalaciones de calefacción para edificios de uso residencial.

Productos de la combustión. Gases procedentes de la reacción química de oxidación de hidrocarburos combustible que deben ser evacuados. Fundamentalmente están constituidos por CO_2 y H_2O, combinados con óxidos de nitrógeno o azufre.

Materiales termoplásticos. Materiales plásticos que se funden cuando se calientan y se endurecen al enfriarse, pudiendo este proceso repetirse numerosas veces hasta que el material pueda perder las características.

5.1. Introducción. Sistemas de distribución de agua

En los sistemas de calefacción, entre los equipos de producción de agua caliente y los equipos emisores, es necesario dimensionar una red de distribución de agua caliente. Como podremos ver en los siguientes apartados, los materiales comúnmente empleados en estas redes de distribución son el cobre y los materiales plásticos.

A la hora de decidir el material a emplear en las diferentes instalaciones, debemos tener en cuenta tres condicionantes básicos.

a) Compatibilidad de los materiales de las tuberías con el fluido de trabajo.
b) Presiones de trabajo.
c) Temperaturas de trabajo del fluido.

Podemos garantizar que las tuberías cumplen con los requisitos para ser empleadas en instalaciones de calefacción si cumplen las especificaciones de las normas UNE que les son de aplicación. Estas normas para cada uno de los materiales pueden verse en el siguiente cuadro 5.1.

CUADRO 5.1
Normas UNE de aplicación a materiales para tuberías y accesorios

Material	Norma de referencia
Cobre	UNE EN 1.057
Acero inoxidable	UNE EN 19.049
Polipropileno (PP-R)	UNE EN 15.874
Polibutileno (PB)	UNE EN 15.876
Polietileno reticulado (PE-x)	UNE EN 15.875
Multicapa polímero/Al/polietileno PE-R	UNE EN ISO 21.003

No se refleja en esta tabla, por su empleo más condicionado, otros materiales que han podido emplearse con anterioridad para ciertas aplicaciones específicas en redes de distribución de fluidos, como son el acero galvanizado, el policloruro de vinilo (PVC) o el polietileno (PE), pero cuyo uso en instalaciones caloríficas no está del todo indicado.

Las normas UNE para cada material citadas anteriormente contemplan los requisitos para tubos y para accesorios, lo que configura para cada material un sistema de instalación único.

SABÍAS QUE...

Las normas UNE de aplicación a materiales para tuberías y accesorios, para garantizar la adecuación de los tubos a las aplicaciones, requieren de la realización de diferentes pruebas, como ensayo de presión interna, ensayo de curvatura, ensayo de resistencia al desgarro, ensayo de ciclo térmico, ensayo de ciclo de presión y ensayo de presión en vacío.

Los sistemas de unión empleados para los diferentes tubos se verán más adelante cuando se traten las características de los sistemas en detalle, pero básicamente pueden ser:

a) Soldadura por capilaridad.
b) Soldadura por termofusión (a tope o con accesorio).
c) Soldadura por electrofusión.
d) Unión mecánica por presión.
e) Unión embridada.
f) Uniones roscadas.
g) Otras uniones mecánicas.

A la hora de decidir un sistema de instalación para la distribución del fluido en instalaciones caloríficas, es necesario también tener en cuenta el comportamiento de los materiales con respecto a:

a) Dilataciones. Con la variación de la temperatura del fluido se produce también variación de longitud de la tubería, lo que puede provocar tensiones internas adicionales en los tubos y accesorios que pueden desencadenar incluso en la rotura de la instalación. Para ello es necesario disponer en la instalación de tuberías de elementos que soporten o compensen estas dilataciones.
b) Distancia entre soportes. Para soportar las tuberías en caso de que discurran por tramo visto y no empotradas, será necesario sujetar los tubos mediante abrazaderas. La distancia entre estas abrazaderas dependerá del tipo de tuberías y del diámetro nominal.
c) Pérdida de carga. La rugosidad interna de la tubería influye sobre la pérdida de carga. Dado que cada material tiene una rugosidad interna diferente, es necesario considerar estas diferencias a la hora de tomar la decisión sobre el material a emplear.
d) Pérdida de calor en las tuberías. Los coeficientes de transmisión térmica son también diferentes para cada material, por lo que, aunque las tuberías suelen ir aisladas, es de considerar las diferencias entre las pérdidas de calor de cada material.
e) Necesidades de almacenamiento, manipulación y transporte. Es necesario considerar los requerimientos de los fabricantes, sobre todo en lo que respecta a la exposición al sol y la humedad durante el periodo de almacenamiento, dado que algunos materiales pueden sufrir alteraciones si se exponen a los rayos ultravioleta durante poco tiempo.

SABÍAS QUE...

Ciertos materiales plásticos permiten el paso de oxígeno a través del tubo. Con el aumento de la temperatura del tubo, aumenta la distancia entre las moléculas del material plástico que lo forma. Esta distancia llega a ser mayor que el tamaño de la molécula de oxígeno (O_2), lo que permite que puedan entrar en el circuito. En instalaciones que forman un circuito cerrado la oxigenación continua del fluido acelera la oxidación de elementos metálicos de la instalación (calderas y emisores), por lo que es necesario instalar tubos con barrera antidifusión de oxígeno.

5.2. Redes de distribución de fluidos caloportadores

En el presente apartado vamos a tratar los diferentes aspectos a considerar a la hora de diseñar y calcular una red de tuberías para instalaciones caloríficas, que conecten los equipos de emisión y los receptores. Según la norma UNE EN 14336, un sistema de distribución de calor se define como la configuración de componentes interconectados para la dispersión del calor entre el sistema generador de calor y el sistema emisor de calor o cualquier otro sistema anexo.

RECUERDA

- ✓ Las presiones de trabajo habituales en instalaciones de calefacción suelen estar por debajo de 3 bares, mientras que en las de ACS en torno a 8 bares.
- ✓ Las temperaturas en calefacción por radiadores suelen ser igual o inferior a 80 °C, en calefacción a baja temperatura en torno a 50 °C y en ACS preparación más elevada a 60 °C.

5.2.1. Materiales

La primera decisión que debemos tomar en el diseño de una red de tuberías es el material a emplear. Diferenciaremos entre materiales metálicos y materiales plásticos. El principal material metálico utilizado es el cobre para instalaciones convencionales. Por la limitación de extensión no se describen las tuberías de acero inoxidable ni del acero galvanizado. En lo que respecta a los materiales plásticos, describiremos los más utilizados en la actualidad, esto es el PP-R, el PE-x, el PB y el tubo multicapa.

A) Cobre

El cobre, por sus características, es posiblemente el material metálico más utilizado en la fabricación de tubos. Su alta ductilidad y maleabilidad hace que también sea muy empleado en el trefilado de cables. Para la fabricación de los tubos, como materia prima se utiliza cobre con una pureza de cobre mayor del 99,9 %, desoxidado al fósforo (Cu-DHP).

Las características mecánicas especificadas en la norma UNE EN 1.057 pueden verse en el cuadro 5.2.

CUADRO 5.2
Clasificación de tubos de cobre

Designación	Designación usual	Diámetro nominal (DN) (mm) mínimo	Diámetro nominal (DN) (mm) máximo	Forma de suministro
R 220	Recocido	6	54	Rollos 25 y 50 m
R 250	Semiduro	6	159	Barras 3 y 5 m
R 290	Duro	6	267	Barras 3 y 5 m

En instalaciones de calefacción se utilizan tubos de cobre duro (R290) de 5 m de longitud y de hasta 54 mm de diámetro. A partir de estos diámetros, por motivos principalmente de coste, se emplea otro tipo de material. Los espesores comerciales en diámetros utilizados comúnmente en instalaciones de calefacción varían entre 0,6 mm y 1 mm. El comportamiento ante al fuego del cobre es A1 de acuerdo al Código Técnico de la Edificación (CTE). Las características mecánicas del material se reducen poco con el aumento de temperatura hasta las temperaturas usuales en redes de calefacción.

Actividad propuesta 5.1

La compañía La Farga es una empresa metalúrgica que fabrica y comercializa semielaborados de cobre. Busca en su web los diámetros comerciales de tubos de cobre y sus espesores, y analiza la diferencia entre los diámetros y espesores de norma y los diámetros y espesores que se comercializan.

El marcado del tubo desde 10 mm hasta 54 mm debe ser cada 600 mm y ha de contener como mínimo la designación de la norma UNE de referencia, la identificación del fabricante y la fecha de fabricación (año y trimestre I a IV o año y mes 1 a 12). Adicionalmente el tubo puede ser marcado con el diámetro exterior y el espesor de forma legible, como mínimo, hasta la puesta en marcha de la instalación.

Puede observarse un ejemplo de marcado en la siguiente figura:

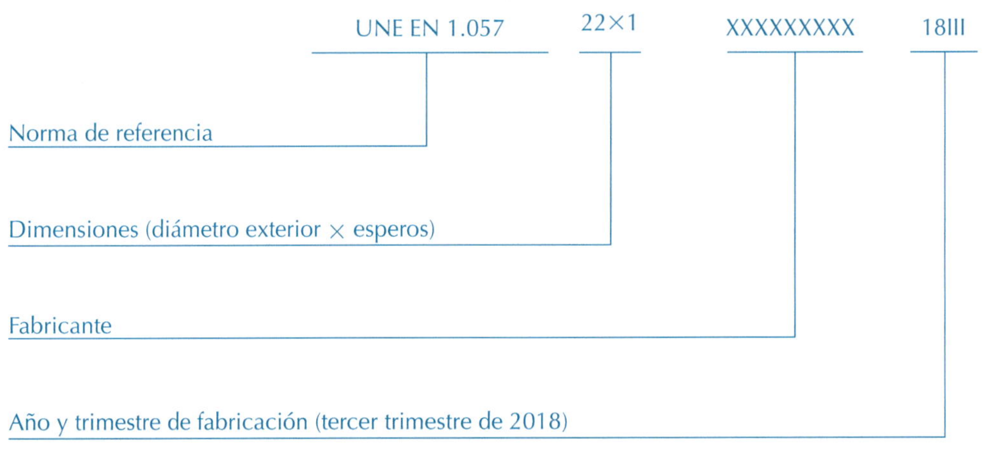

Figura 5.1
Marcado tubos de cobre.

Los accesorios para las instalaciones de cobre pueden ser accesorios para soldar o accesorios mecánicos. Los más utilizados son los accesorios para solar, aunque es habitual que en la unión de radiadores se utilicen adaptadores con uniones mecánicas.

Como se ha dicho anteriormente, en las instalaciones de calefacción con cobre se utiliza de forma general las uniones soldadas. La soldadura utilizada, dadas las presiones y temperaturas de trabajo, es la soldadura por capilaridad blanda. El procedimiento de soldadura blanda para aplicaciones en calefacción es conocido, dado que está incluido en los contenidos de los módulos de primer curso.

SABÍAS QUE...

Para evitar pares galvánicos en las instalaciones, al cambiar el material en la instalación, se utilizan manguitos aislantes o dieléctricos.

Las tuberías en las instalaciones de calefacción pueden ser instaladas de las siguientes formas:

a) Vistas.
b) Empotradas.
c) Enterradas.
d) Alojadas en vainas.

Lo más frecuente en instalaciones de calefacción son instalaciones vistas (en obras de reforma o grandes instalaciones donde se facilita el mantenimiento) o empotradas en instalaciones individuales nuevas. Para las instalaciones vistas se utilizan abrazaderas de tipo isofónico (figura 5.2), de modo que se permita la libre dilatación del tubo y se evitan ruidos, vibraciones y corrosiones que dañen el tubo.

La distancia de separación entre soporte para tuberías horizontales recomendada puede verse en el cuadro 5.3 en función del diámetro. En tuberías verticales la separación de soportes recomendada es de 2,5 m.

Figura 5.2
Soportes (abrazadera y tornillo).

CUADRO 5.3
Distancias entre soportes en tuberías de cobre

DN (mm)	12	15	18	22	28	35	42	54
Distancia entre soportes (m)	1,25	1,25	1,5	2	2,25	2,75	3	3,5

Para el caso de instalaciones empotradas, el cobre es compatible con la mayoría de los elementos de construcción, yesos y morteros, por lo que no requiere ningún tratamiento específico y puede instalarse directamente.

Tanto para el caso de tuberías vistas como empotradas, es necesario considerar el aislamiento requerido según el Reglamento de Instalaciones Térmicas en los Edificios (RITE), desarrollado más adelante en este mismo capítulo.

El paso de tuberías por tabiques o muros es necesario realizarlo con vainas de protección, que eviten el contacto directo entre el tubo y la pared. Estas vainas protectoras pueden ser de PVC, cobre o cintas bituminosas.

Aunque en instalaciones de calefacción lo habitual es la utilización de accesorios para soldar para acometer los cambios de dirección, es posible en determinados casos el curvado de los tubos. Los radios de curvatura mínimos están especificados en la norma UNE EN 1.057. Para el curvado se utilizan herramientas manuales como curvadoras manuales o muelles, o curvadoras eléctricas para grandes instalaciones. Estas herramientas disponen de mandriles para cada diámetro que cumplen con los radios mínimos de curvatura. El curvado siempre debe realizarse en frío y tiene que comprobarse tras su realización que no ha producido daños ni pérdidas de sección en el tubo.

TOMA NOTA

La dilatación térmica del cobre ha de tenerse muy en cuenta a la hora de instalaciones de calefacción. El coeficiente de dilatación lineal del cobre es de $16{,}5\times10^{-6}$ mm /m $°C^{-1}$, lo que significa que un tramo de 3 m se dilataría 4,95 mm cuando su temperatura aumenta 100 °C.

B) Materiales plásticos

En la década de 1930, debido a la escasez de materiales metálicos para tuberías, la industria de los plásticos tuvo un gran desarrollo. La Segunda Guerra Mundial provoca un aumento de las investigaciones en estos materiales que han conseguido consolidarse como serios competidores del cobre en instalaciones de fluidos, y en especial en las instalaciones térmicas. Como especial ventaja de estos materiales con respecto al cobre podemos destacar la ausencia de corrosión. Los materiales plásticos son macromoléculas formadas por polimerización a partir de pequeñas moléculas simples.

SABÍAS QUE...

La polimerización es un proceso químico por el que los reactivos y monómeros se agrupan químicamente entre sí, dando lugar a una molécula de gran peso, llamada polímero, bien como una cadena lineal o como una macromolécula tridimensional.

En tuberías podemos encontrarnos dos tipos de polímeros: los termoplásticos y los termoestables. Los primeros se funden cuando se calientan y se endurecen al enfriarse, pudiendo este proceso repetirse numerosas veces hasta que el material pueda perder las características. Muestra de estos materiales termoplásticos en tuberías tenemos el policloruro de vinilo (PVC), el polipropileno (PP), el polibutileno (PB) y el polietileno (PE). Los materiales termoestables no funden con la temperatura, sino que se queman, lo que hace imposible su moldeo. El polietileno reticulado (PE-X) es una muestra de estos polímeros utilizados en tuberías.

En los materiales plásticos hay dos características que debemos tener en cuenta antes de su instalación; estas son la serie y la clase.

- **La serie**

Es un numero adimensional que, de acuerdo a la norma ISO 4.065, se determina según la siguiente expresión:

$$S = \frac{d - e}{2e}$$

Donde:
S = Serie del tubo
d = Diámetro nominal
e = Espesor nominal

La serie relaciona los valores de presión (P), temperatura (T) y tensión tangencial (σ) para las condiciones de trabajo. La relación entre estar tres variables está dada por la expresión:

$$S = \frac{\sigma}{P}$$

O lo que es lo mismo:

$$\sigma = \frac{P}{S}$$

Tomando la tensión tangencial máxima que es capaz de soportar cada material plástico, determinaremos la serie que es necesaria para cada una de las condiciones de presión y temperatura. La serie sustituye al concepto de presión nominal (PN4, PN6, PN10, PN16, etc.) que se aplica en las tuberías metálicas, pasando a tomar un número adimensional que puede tomar uno de los siguientes valores: 1,00; 1,25; 1,60; 2,00; 2,50; 3,20; 4,00; 5,00; 6,30 y 8,00.

Para una presión dada y unas condiciones de servicio, cuanto menor sea la serie, mayor será la tensión soportada y menos afectada estará la tubería en esas condiciones.

- **La clase**

Se identifica con un campo típico de aplicación, correspondiente con unas condiciones de servicio y para una vida útil de 50 años. La clasificación está tomada de la norma ISO 10.508. Estas clases de referencia internacional no siempre se corresponden con clases utilizadas en aplicaciones nacionales, como es el caso de la clase 3 en España (cuadro 5.4).

CUADRO 5.4
Clases para tuberías plásticas según ISO10.508

Clase de aplicación	Temperatura de diseño (Td)	Temperatura máxima (Tmax.)	Campo de aplicación típico
1	60 °C	80 °C	Suministro agua caliente a 60 °C
2	70 °C	80 °C	Suministro agua caliente a 70 °C
4	60 °C	70 °C	Calefacción por suelo radiante y radiadores a baja temperatura
5	80 °C	90 °C	Radiadores a alta temperatura

El diseño de la tubería por parte del fabricante se realiza aplicando a los valores de resistencia máxima unos coeficientes de seguridad (coeficiente global de diseño), mayores de la unidad para considerar la perdida de cualidades del material en su exposición a la presión y temperatura a lo largo del tiempo de vida. Estos coeficientes oscilan entre 1,25 y 1,60 dependiendo del tipo de plástico. Una vez conocido el tipo de aplicación (Clase) y la presión a la que trabaja, es posible mediante las curvas de regresión del material determinar el tiempo de rotura, que expresa la vida útil de la tubería.

Conjugando ambos parámetros, se obtienen tablas que determinan la Serie máxima que puede utilizarse en función de la Clase y de la Presión de diseño (Pd). Se reproduce a continuación la tabla para el PE-X (cuadro 5.5) aplicable de acuerdo a la norma EN ISO 15875-2.

CUADRO 5.5
Series aplicables para tuberías de PE-X en función de la clase y de la presión

Pd (bar)	Clase 1	Clase 2	Clase 4	Clase 5
4	7,6 (6,3)	7,6 (6,3)	7,6 (6,3)	7,6 (6,3)
6	6,4 (6,3)	5,9 (5)	6,6 (6,3)	5,4 (5)
8	4,8 (4)	4,4 (4)	5,0 (5)	4,0 (4)
10	3,8 (3,2)	3,5 (2)	4,0 (4)	3,2 (3,2)

Se ha complementado el cuadro 5.5 con los valores entre paréntesis que reflejan la clase que se debería escoger en cada caso sobre el catálogo del fabricante, de acuerdo a los valores que pueden tomar la clase vistos anteriormente.

Actividad propuesta 5.2

Determina, considerando la curva de regresión del PP-R siguiente, la serie que se debería utilizar para una tubería para las condiciones de servicio (clase 2) y vida útil de 50 años, trabajando a una presión máxima de 4 bar.

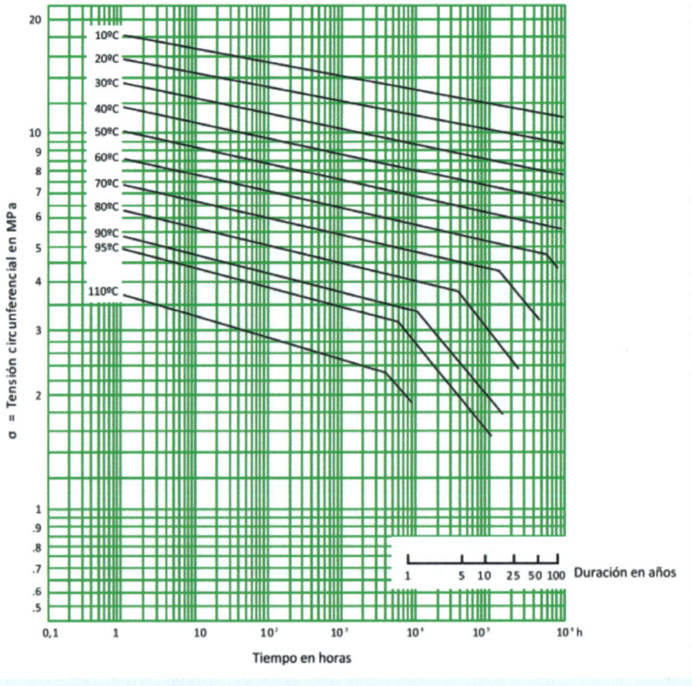

Es importante en las instalaciones con tuberías plásticas determinar los sistemas de fijación de acuerdo con las especificaciones del fabricante. Es fundamental considerar en la disposición de los soportes la necesidad de asumir las dilataciones longitudinales del material. Estas dilataciones pueden absorberse mediante el propio trazado de los soportes por medio del denominado brazo flexible, o por la utilización de liras o bucles de dilatación.

Para ambos casos es necesario determinar la variación longitudinal debida a la temperatura en milímetros (ΔL), mediante la fórmula:

$$\Delta L = \Delta T \times L \times \alpha$$

Donde:

ΔL: Variación de longitud debido a la temperatura [mm]

ΔT: Diferencia de temperatura [K]

L: Longitud del tramo [m]

α: Coeficiente de dilatación térmica [mm/m K]

Una vez determinado el DL, la longitud del lazo de flexión se calcula mediante la fórmula (figura 5.3):

$$LBS = C\sqrt{d \times \Delta L}$$

D: Diámetro exterior del tubo [mm]

C: Constante del material (PE-X = 12, PP-R = 20, PE-X/Al/PE-X = 30)

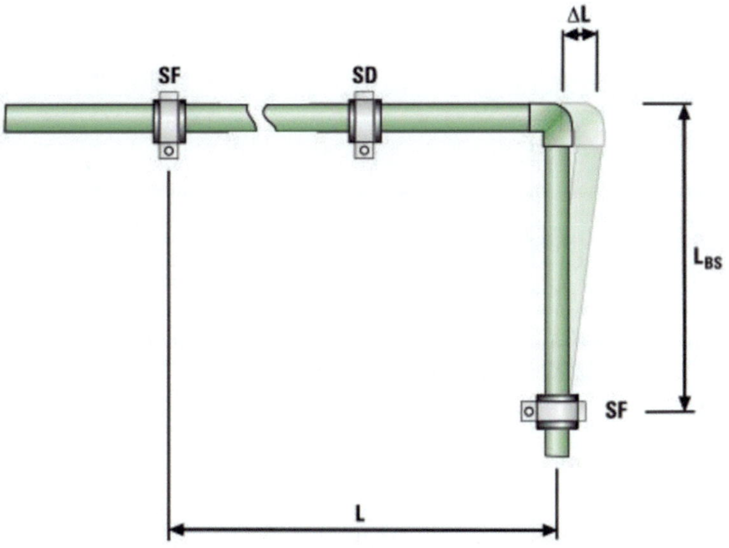

Figura 5.3
Lazo de dilatación.

En el caso de optar por lira de dilatación, sus dimensiones deben ajustarse a los reflejados en la siguiente figura 5.4, donde además de la longitud del lazo, tenemos el parámetro Amin, que comúnmente se considera 10 veces el diámetro exterior del tubo.

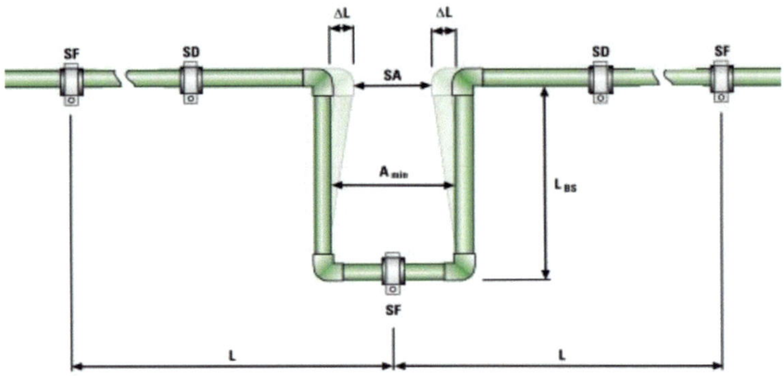

Figura 5.4
Lira de dilatación.

PARA SABER MÁS

Otra forma de absorber las dilataciones por diferencia de temperatura en la tubería sería mediante el empleo de compensadores de dilatación. Es importante saber que los compensadores para tuberías metálicas no funcionan en tuberías plásticas, debido a la fuerza de dilatación menor en las tuberías plásticas que no consiguen comprimir el dilatador.

Actividad propuesta 5.3

Considerando los valores de coeficientes de dilatación térmica lineal tomados de la norma UNE ENV 12108, para diferentes materiales termoplásticos utilizados en tuberías de instalaciones de calefacción, realiza una comparativa de las variaciones de longitud por efecto de la temperatura que sufriría un tramo de 8 metros de longitud cuando la temperatura se eleva de 10 a 100 °C para cada uno de los materiales. Compáralos con el resultado que se obtendría utilizando cobre.

Coeficientes de dilatación lineal (mm/m K):
PE-X = 0,15
PP-R = 0,15
PE-X/Al/PE-X = 0,025

A continuación, se analizan los materiales y sistemas de instalación más usuales en instalaciones de calefacción realizados con materiales plásticos.

1. Polipropileno

El polipropileno es un material plástico cada vez más empleado en instalaciones caloríficas. Se trata de un polímero formado por cadenas de propileno. En el proceso de polimerización se introduce etileno. El tipo de polipropileno más utilizado en tuberías es el polipropileno random (PP-R), en el que la disposición de los monómeros en la estructura molecular compuesta es de forma aleatoria, lo que le confiere una excelente resistencia a la presión a temperatura elevada (figura 5.5).

Las tuberías se fabrican con diámetros exteriores de 16 a 450 mm. El sistema permite la instalación superficial o empotrada, disponiendo de una gran variedad de accesorios.

Figura 5.5
Tuberías y accesorios PP-R, sistema Niron.
(*Fuente*: Italsan).

Los tubos se marcan con diferentes códigos de colores o líneas para diferenciar sus aplicaciones. El sistema de unión empleado en estas instalaciones es el de unión por termofusión, aunque en grandes diámetros podemos encontrarnos la unión mediante accesorio de electrofusión o bridas. El proceso de unión de tubos y accesorios mediante termofusión se describe en las imágenes de la figura 5.6.

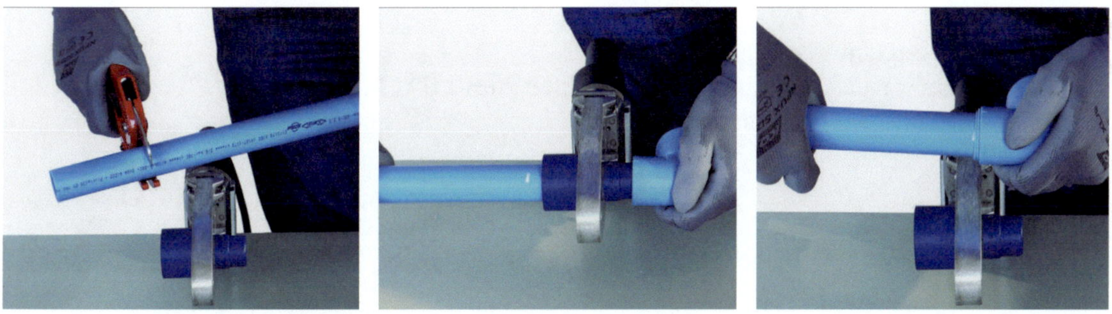

Corte de la tubería | Calentamiento tubería y accesorio | Soldadura

Figura 5.6
Procedimiento de soldadura termofusión socket PP-R.
(*Fuente*: Italsan).

CUADRO 5.6
Distancia entre soportes para tuberías de PP-R

Diámetro exterior (mm)	16	20	25	32	40	50	63	75	90	110
Incremento de temperatura °C	Distancia entre soportes en cm									
0	70	85	105	125	140	165	190	205	220	250
20	50	60	75	90	100	120	140	150	160	180
30	50	60	75	90	100	120	140	150	160	180
40	50	60	70	80	90	110	130	140	150	170
50	50	60	70	80	90	110	130	140	150	170
60	50	55	65	75	85	100	115	125	140	160
70	50	50	60	75	80	95	105	115	125	140

La distancia de separación entre soporte para tuberías horizontales recomendada puede verse en el cuadro 5.6 en función del diámetro y del incremento de temperatura que puede sufrir el material.

Las principales ventajas de su utilización se detallan a continuación:

- Alta resistencia a la presión y a la temperatura.
- Apto para el uso en instalaciones de agua potable.
- Resistente a la corrosión química.
- Altas capacidades de aislamiento acústico y térmico, lo que evita la transmisión de ruidos al paso del fluido, bajas pérdidas de calor y bajas condensaciones.
- Baja pérdida de carga.
- Bajas incrustaciones.
- Permite el curvado hasta 8 veces el diámetro.
- Permite roscado para uniones.

Los principales inconvenientes del material son:

- Poca resistencia a los rayos UV.
- Poca resistencia a bajas temperaturas (inferiores a 0 °C).

TOMA NOTA

Existen tuberías de PP-R fabricadas con varias capas (FASER), en las que se mejoran ciertas características. En estas tuberías se incorporan fibras en una capa intermedia de PP que hace que disminuya el coeficiente de dilatación térmica y aumente la rigidez, lo que permite aumentar la distancia entre soportes. A continuación se incluye una tabla comparativa con las dilataciones por cada metro de tubería en función de la diferencia de temperaturas para una tubería estándar y una tubería FASER.

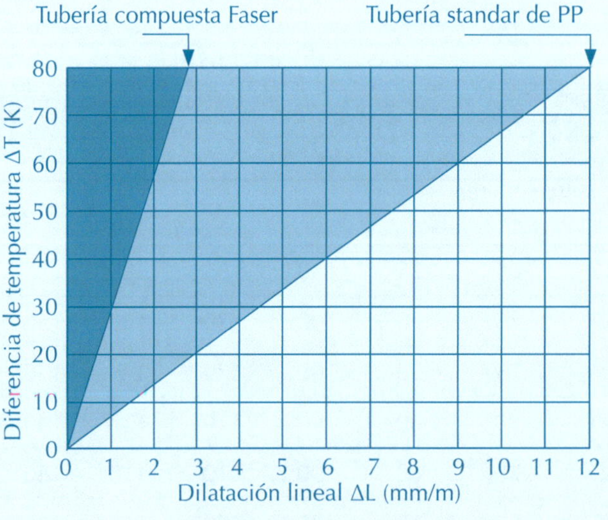

(*Fuente*: Aquatherm Ibérica).

Actividad propuesta 5.4

Realiza una comparativa de las variaciones de longitud por efecto de la temperatura que sufriría un tramo de 8 metros de longitud cuando la temperatura se eleva de 20 a 80 °C para cada uno de los tipos de tubería

2. Polietileno reticulado

El polietileno reticulado se fabrica a partir de polietileno de alta densidad. El proceso se divide en dos partes: la polimerización del etileno para formar polietileno y la reticulación. El proceso de reticulado consiste en la unión de las cadenas de polietileno cambiando la estructura química en una red tridimensional. La reticulación puede realizarse mediante peróxido, silano, radiación de electrones o azo. Dependiendo del método utilizado, la nomenclatura del tubo cambiará del siguiente modo:

- PE-Xa. Polietileno reticulado por método de peróxido durante el proceso de fabricación.
- PE-Xb. Polietileno reticulado por método silano realizado posteriormente a la fabricación por extrusión.
- PE-Xc. Polietileno reticulado por el método de radiación de electrones.
- PE-Xd. Polietileno reticulado por método azo.

FUNDAMENTAL

La utilización de polietileno reticulado en tuberías para instalaciones de calefacción obliga a dotar a los tubos de una película antidifusión de oxígeno, de modo que no permita la entrada de oxígeno por la tubería que oxidaría continuamente los elementos metálicos de la instalación. Para ello se aplica una fina película que actúa de barrera denominada BAO.

PARA SABER MÁS

La norma DIN 4726 limita a 0,01 mg/m^2 y día a 40 °C la cantidad máxima de oxígeno que puede penetrar en una instalación de calefacción.

Los tubos se fabrican desde diámetros de 12 a 90 mm en diferentes espesores y, por lo general, se distribuyen en rollos de diferentes longitudes para los diámetros menores (hasta 50 mm) y en barras de 4 m para todos los diámetros.

Las principales ventajas en la utilización de este material en instalaciones de calefacción son las siguientes:

- Resistencia a altas temperaturas y presiones.
- No se ven afectados por la corrosión.
- Bajo coeficiente de fricción.
- Bajas incrustaciones.
- Alta flexibilidad.
- Ligereza para el transporte y manipulación.

En cambio, su utilización debe respetar las siguientes recomendaciones de utilización:

- Se ven afectados por los rayos UV, por lo que no es adecuado para uso en exterior visto.
- Memoria plástica.

Los sistemas de unión o accesorios utilizados responden a algunos de los siguientes tipos:

- Uniones mecánicas, en estos se incluyen las uniones por compresión, por embutición, por brida o por asiento plano.
- Uniones mediante electrofusión, con accesorios especiales.
- Accesorios para unión con inserciones incorporadas, generalmente roscadas.

Las uniones más utilizadas en las instalaciones de calefacción, para tuberías de PP-x en los diámetros de 16 a 50 mm, son las uniones mecánicas, bien por compresión o por embutición. Cada fabricante dispone de sus accesorios, pudiendo ser estos básicamente de latón, inoxidable o plástico.

En la figura 5.7 pueden verse tuberías de PE-X unidas mediante sistema de casquillo expansionado.

Figura 5.7
Ejemplo de uniones mediante casquillo expandido.

TOMA NOTA

Los avances en la investigación sobre plásticos aplicados a tuberías, ha conseguido un polietileno reticulado resistente a la temperatura (PE-RT). Este tipo de tubos se fabrican en dos formas diferentes:

- Tipo 1: para clases 1,2 y 4 (ACS a 60 °C, 70 °C y calefacción a baja temperatura).
- Tipo 2: además de para las clases anteriores, también para clase 5 (radiadores a alta temperatura).

3. Multicapa

Los tubos multicapa son tubos con varias capas en los que se alternan varios materiales poliméricos o materiales poliméricos y materiales metálicos. De esta forma, lo tubos multicapa M alternan capas poliméricas y capas metálicos, por ejemplo PE-Xb/Al/PE-Xb o PE-RT/Al/PE-Xb.

Los tubos multicapa P están compuestos por más de una capa polimérica, por ejemplo PVC-C/PE-Xb o PE-Xb/EVOH/PE-Xb.

Los tubos comúnmente utilizados en instalaciones de calefacción son los compuestas por dos capas exterior e interior de PE-X o PE-RT y una capa intermedia de aluminio, solidarizadas una con la otra por medio de un adhesivo. De este modo se consigue aprovechar las propiedades de cada una de las capas. Por un lado, la resistencia a la corrosión de los plásticos, y por otro, la rigidez y la impermeabilidad frente al oxígeno del aluminio. Las diferentes capas pueden aportar alguna de las siguientes propiedades o capacidades:

- Soportar presiones.
- Permeabilidad frente al oxígeno.
- Adherir las diferentes capas.
- Reducir los efectos de los rayos UV sobre los polímeros.
- Protección mecánica.
- Reducir la dilatación longitudinal.
- Dar color al tubo.

Una diferencia importante entre los diferentes fabricantes, además de la composición de las distintas capas de polímero, es la forma de soldar la capa de aluminio. Algunos fabricantes realizan la soldadura longitudinal de la capa de aluminio mediante el solape y soldadura por ultrasonidos o mediante soldadura a tope por láser.

Las tuberías se fabrican desde los 16 a los 63 mm de diámetro, con espesores que van desde los 2 a los 4,5 mm. La forma de suministro suele ser en rollo de 100 o 50 m hasta diámetros de 32 mm y en barras de 5 m en todos los diámetros. Como sistema de unión se utiliza generalmente las uniones mecánicas por compresión o embutición.

Recursos web www

Te recomendamos la consulta de los manuales disponibles en las páginas web de Aquatherm y Barbi para manejo de los diferentes materiales de tuberías plásticas. Puedes encontrarlos en los siguientes códigos QR:

(1) (2)

5.2.2. Tipología de los circuitos hidráulicos

Diferenciamos en este apartado dos tipologías de redes de tuberías que podemos encontrarnos en un sistema de calefacción: el sistema bitubo y el sistema monotubo.

El sistema bitubo es el más tradicional, donde el agua de salida de caldera circula por un tubo y deriva en cada uno de los radiadores. El retorno circula por otro tubo paralelo desde el radiador más alejado del ramal. En esta tipología el consumo de tubo es más elevado, pero se consigue una mayor uniformidad de temperaturas en los diferentes radiadores (figura 5.8).

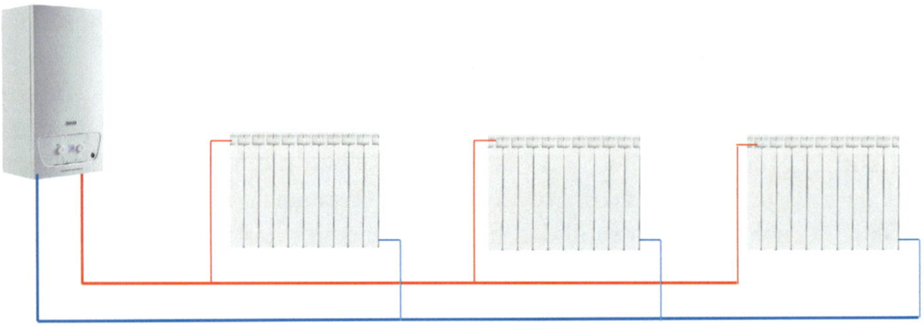

Figura 5.8
Distribución bitubo.

En la tipología monotubo, la tubería de impulsión entra y sale de cada radiador hasta el siguiente, recorriéndolos secuencialmente. De este modo el agua que sale de un radiador es el que entrará en el siguiente. La ventaja es el ahorro de tubo y accesorios, pero con el grave inconveniente de que le temperatura varía considerablemente entre los radiadores (figura 5.9).

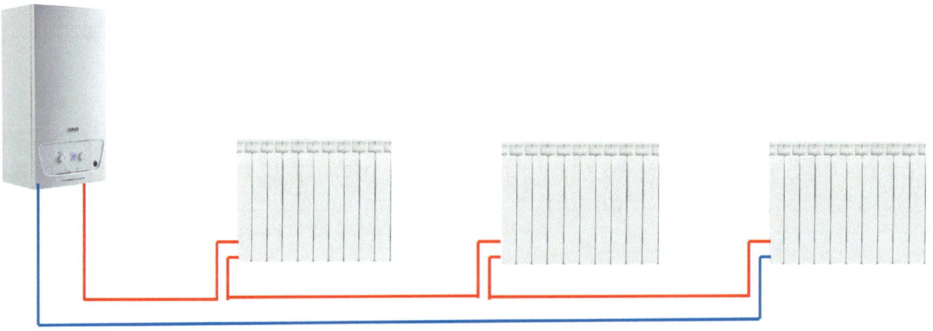

Figura 5.9
Distribución monotubo.

Para conseguir la distribución monotubo es necesario llaves especiales para este tipo de instalación, como se muestra en la figura 5.10, en las que se combinan las funciones de llaves de entrada y detentor en un solo elemento.

Figura 5.10
Llaves monotubo de diferentes configuraciones.
(*Fuente*: Baxi).

Últimamente se está instalando cada vez más los sistemas mediante colectores, en los que existe un ramal principal y posteriormente derivaciones a ramales más pequeños. La principal ventaja es el ahorro de tubo y de accesorios.

5.2.3. Equilibrado hidráulico en redes de distribución de fluidos

En la parte de diseño de las redes de calefacción se determinan los caudales que necesitamos circular por cada ramal, para que a cada emisor llegue el caudal másico de diseño que permite entregar la potencia calculada. Para ello será necesario que durante la puesta en marcha de la instalación se realice el equilibrado de los caudales de agua por cada ramal.

La calidad del equilibrado depende de la exactitud del caudal. La desviación máxima permitida de los caudales se define en función de los valores de la temperatura de suministro de diseño, de la temperatura exterior de diseño y de la diferencia entre impulsión y retorno de diseño.

El equilibrado puede hacerse por alguno de los siguientes métodos, en función de la complejidad de la instalación y de las condiciones de diseño y uso de esta:

- Equilibrado con medida de caudal y válvula de equilibrado manual. Una vez que se regula el caudal en un ramal, esto tiene repercusión sobre el resto de ramales, por lo que es necesario determinar el impacto sobre los otros ramales mediante el método iterativo, método proporcional, de compensación o mediante métodos asistidos por ordenador.
- Equilibrado con medida de caudal y válvulas de equilibrado automáticas. Se fundamenta en la instalación de controles de presión diferencial o limitadores de caudal.
- Regulación mediante balance de temperaturas. En instalaciones relativamente pequeñas con un número limitado de emisores, se emplea este último método, dado que no merece la pena la instalación de válvulas de equilibrado y que se permite variaciones con respecto al caudal de diseño superiores a +/–20 %.

El equilibrado es una parte muy importante de la puesta en marcha de la instalación, y es necesario reflejar este procedimiento en el informe correspondiente, de modo que se disponga de información suficiente para el mantenimiento y posibles variaciones del sistema.

A la hora de trazar las tuberías sobre el plano en la fase de diseño, debemos tener en cuenta que, mediante este trazado, es posible contribuir al equilibrado del circuito. De este modo, tendremos la posibilidad, a través del retorno invertido de conseguir un mejor equilibrado de los circuitos así configurados, frente al diseño mediante retorno directo. En los esquemas de las figuras 5.11 y 5.12 pueden verse las diferencias de trazado.

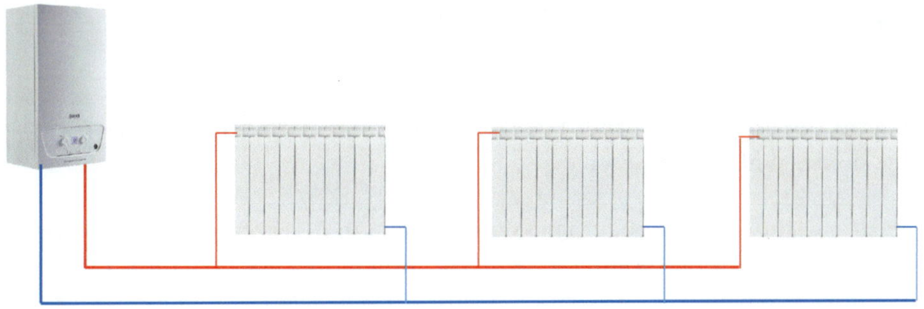

Figura 5.11
Distribución mediante retorno directo.

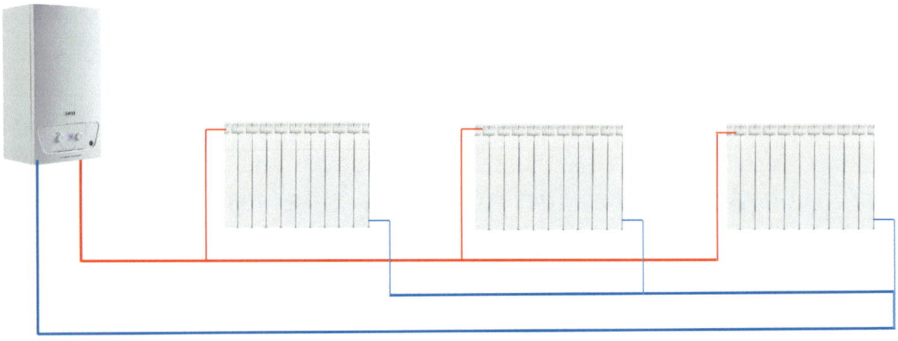

Figura 5.12
Distribución mediante retorno invertido.

Las mejoras en equilibrado que se consignen mediante la utilización del retorno invertido conllevan un mayor empleo de tuberías. En cada caso habrá que analizar las posibilidades de su utilización y valorar la viabilidad técnica y económica frente a otros sistemas de equilibrado hidráulico.

5.2.4. Calorifugado de tuberías

Para evitar las pérdidas de calor en los circuitos de distribución de calor, es necesario disponer de aislamiento en los tubos. De acuerdo a las exigencias del RITE, las tuberías deben aislarse cuando:

- Contengan fluidos a temperaturas menores que la temperatura ambiente del local en el que se instalan.
- Contengan fluidos a temperatura mayor de 40 °C instaladas en locales no calefactados o al alcance de personas para evitar quemaduras.

Para instalaciones con potencia inferior a 70 kW, el propio RITE facilita espesores mínimos de aislamiento en función del diámetro de la tubería. Para ello utiliza aislamiento con conductividad térmica tipo de 0,040 W/(mk) a 10 °C. Para instalaciones de potencia superior a 70 kW es necesario estudiar en detalle el aislamiento, condicionado por el RITE, a unas pérdidas de potencia inferior al 4 % de la potencia total.

5.2.5. Elementos auxiliares en la red de distribución

Además de las tuberías y sus accesorios, en una red de tuberías para calefacción es necesario instalar una serie de equipos para garantizar la seguridad y el buen funcionamiento del sistema. Entre ellos podemos destacar los siguientes:

a) Vaso de expansión. Con el aumento y disminución de la temperatura del agua se producen expansiones del volumen de agua contenido en el circuito. En los vasos de expansión, mediante una membrana elástica se separan los circuitos de calefacción y una cámara que contiene nitrógeno. La deformación de la membrana y la compresión de la cámara de nitrógeno posibilita la dilatación del líquido contenidos en el circuito hidráulico. El volumen de estos depósitos va en función de las presiones alcanzadas en el circuito y del volumen de fluidos contenido en este. Su cálculo se realiza de acuerdo a la norma UNE 100.155 y en su instalación han de tenerse en cuenta las siguientes consideraciones:

- Instalarlo lo más cerca posible de la caldera en el circuito de retorno.
- Considerar la composición del fluido.
- Temperatura máxima y mínima en la membrana.
- Presión máxima admisible del equipo.

Figura 5.13
Depósitos de expansión.
(*Fuente*: Baxi).

b) Válvula de seguridad (figura 5.14). Para asegurar que la instalación no supera la presión máxima para la que ha sido diseñada, es necesario instalar una o varias válvulas de seguridad, de manera que en caso de que se supere la presión de tarado de la válvula, esta evacuará el fluido hasta disminuir la presión en la instalación. Las calderas murales incluyen una válvula de seguridad tarada a 3 bares.

c) Circuladores (figura 5.15). Son los elementos que incrementan la energía del fluido a su paso, de modo que el caudal de cálculo del fluido es capaz de vencer las pérdidas en su paso por las tuberías. Se suelen instalar bombas de rotor húmedo en pequeñas instalaciones, de modo que la temperatura del agua de retorno ayuda a su refrigeración.

d) Purgadores (figura 5.16). Son los elementos encargados de evacuar las partículas de aire que se pueden formar durante el funcionamiento de la instalación de calefacción. Su instalación debe hacerse en los puntos altos del circuito.

Figura 5.14
Válvula de seguridad.
(*Fuente*: Baxi).

Figura 5.15
Circulador.
(*Fuente*: Baxi).

Figura 5.16
Purgador.
(*Fuente*: Baxi).

e) Otros elementos auxiliares. Además de los anteriores, en los circuitos de calefacción es necesario instalar elementos que permitan la operación y el mantenimiento de las instalaciones. Entre estos elementos podemos citar las válvulas de corte, termómetros y manómetros, o elementos de control de la instalación cuyo funcionamiento veremos en el capítulo correspondiente al control de instalaciones.

FUNDAMENTAL

Según el Reglamento de Instalaciones Térmicas en los Edificios (RITE), es necesario instalar punto de llenado y de vaciado de la instalación, con un diámetro adecuado para cada caso. Los puntos de vaciado deberán instalarse en los puntos bajos. Los sistemas de llenados deberán impedir el retorno de agua de la instalación de calefacción al sistema de llenado.

5.3. Conductos de evacuación de los productos de la combustión

Como se ha visto en los capítulos anteriores, la reacción química de oxidación del combustible origina unos productos de la combustión que es necesario evacuar al exterior del edificio y conseguir su disolución en el ambiente exterior. Todos los locales donde haya calderas deben estar suficientemente ventilados y dotados de conductos de evacuación de los productos de combustión. Los conductos de evacuación deben soportar los siguientes condicionantes:

- Resistencia a la presión.
- Resistencia a la temperatura.
- Corrosión exterior.
- Corrosión interior por condensados.

RECUERDA

✓ Según la UNE-CEN/TR 1749 IN, los aparatos que utilizan combustibles gaseosos se clasifican en los siguientes tipos según la forma de evacuación de los productos de la combustión:

- *Tipo A:* aparatos no destinados a conectarse a un conducto ni a un dispositivo de evacuación de los productos de la combustión hacia el exterior del local donde están instalados.
- *Tipo B:* aparatos destinados a conectarse a un conducto de evacuación de los productos de la combustión hacia el exterior del local donde están instalados, estando el aire comburente tomado directamente del local donde se produce la combustión.
- *Tipo C:* aparatos en los que el circuito de combustión (entrada de aire comburente, cámara de combustión, intercambiador de calor y evacuación de los productos de la combustión) es estanco frente al local en el que esta instado.

FUNDAMENTAL

Es evidente que el tipo de aparato (tipo B o C) van a ser determinantes a la hora de instalar el conducto de evacuación de humos o productos de la combustión.

PARA SABER MÁS

La evacuación de los productos de la combustión se hará siempre por cubierta, aunque la última versión del RITE permite la evacuación por fachada para viviendas individuales si son calderas de combustibles gaseosos, inferior a 70 kW de potencia útil nominal, tipo C y con baja emisión de NOx (clase 5)

Los materiales utilizados para la construcción de chimeneas son:

a) Materiales metálicos, fundamentalmente el acero inoxidable o acero con recubrimiento vitrificado.
b) Materiales plásticos, que se podrían utilizar para temperaturas de humos bajos, sobre todo en calderas de condensación.
c) Obra de fábrica, utilizando materiales refractarios como el ladrillo o el hormigón.

Según el número de calderas que sirvan, podremos clasificarlas en:

a) Individuales, sirven para la evacuación de una única caldera.
b) Colectivos, de modo que se conectan los conductos de evacuación de varias calderas.

Para que los humos puedan circular por los conductos es necesario que venzan la pérdida de carga por rozamiento entre humos y conducto. Si esta pérdida de carga se vence por la diferencia de densidades entre el humo y el aire ambiente, entonces hablamos de tiro natural. Si la pérdida de carga es vencida por la presión ejercida por un ventilador, hablamos de tiro forzado.

Los ventiladores de quemadores mecánicos se calculan para que venzan las pérdidas de carga solo de los conductos de humos de la caldera hasta la caja de salida de humos, valor que el fabricante de la caldera aporta en las especificaciones técnicas. A partir de la caja de salida de humos, estos salen por tiro natural, evitando sobrepresionar la chimenea y que en caso de fugas pudieran salir productos de la combustión al local.

Las juntas de las chimeneas suelen ser machihembradas con junta de goma, o con abrazadera de unión. Es necesario comprobar la estanqueidad de estas juntas una vez instalados los conductos (figura 5.17).

Para facilitar el acceso al conducto de evacuación interior en conductos concéntricos, a la salida de la caldera se instalan elementos especiales con tomas para introducir la sonda del analizador de gases de la combustión (figura 5.18).

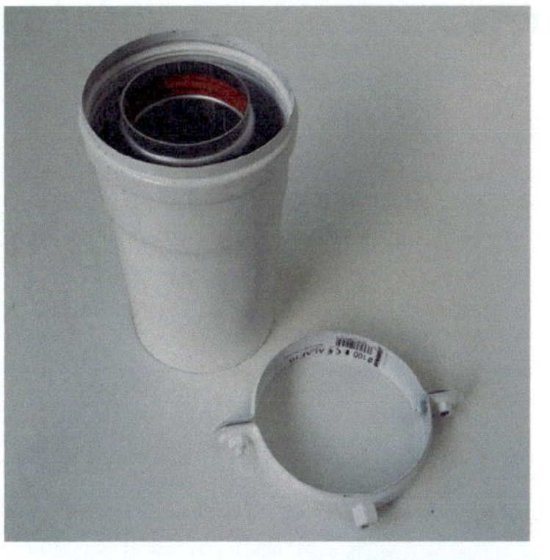

Figura 5.17
Conducto concéntrico para evacuación de calderas tipo C y abrazadera.

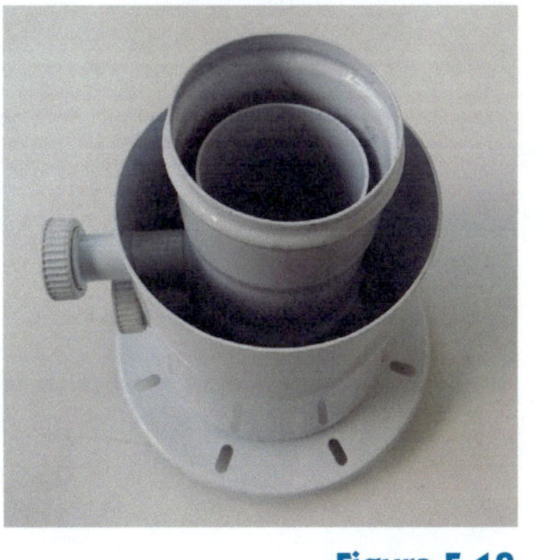

Figura 5.18
Elemento de salida de caldera para evacuación de equipos tipo C.

Como puede verse, el elemento dispone de dos orificios con tapón, desde los cuales se puede acceder con la sonda del analizador de gases, tanto al conducto de entrada de aire para ver el tiro y temperatura de aire de entrada, como al conducto interior de salida de productos de la combustión.

Resumen

- Las instalaciones de redes de distribución de fluidos en calefacción unen los equipos productores con los receptores.
- Estas tuberías deben soportar las presiones y las temperaturas de trabajo, así como las propiedades del fluido.
- Fundamentalmente se emplean el cobre y algunos materiales plásticos en conducciones.
- Las redes de distribución de calefacción pueden ser bitubo o monotubo, y su equilibrado se puede realizar mediante el empleo del retorno invertido.
- Además de los tubos, se instalarán elementos auxiliares para el buen funcionamiento y conservación, como vasos de expansión, circuladores, purgadores, llenado y vaciado, etc.
- Las chimeneas son los conductos que se encargan de evacuar los productos de la combustión. En el caso de conductos para calderas tipo C, es frecuente la instalación de conductos concéntricos.

Ejercicios propuestos

1. Explica brevemente cuáles son las principales características del cobre en tuberías.
2. Comenta las características de los principales plásticos utilizados en tuberías de calefacción y compáralos con las características del cobre.
3. Analiza las ventajas y los inconvenientes de las redes de distribución de calor en tipología monotubo y bitubo.
4. Consulta el RITE e identifica las especificaciones de montaje para redes de tuberías.
5. Descarga el manual de instalación de una caldera de las vistas en el capítulo 2. Determina las distancias máximas de conductos de evacuación según el fabricante para cada una de las tipologías de evacuación que permite.

Práctica	
Diseño de una instalación de calefacción mediante radiadores (monotubo y bitubo).	
Objetivo	Sobre el plano de una vivienda, conocer las diferentes tipologías de trazado monotubo y bitubo de redes de tuberías.
Material	Plano de vivienda tipo y herramientas de dibujo.
Procedimiento	Sobre un plano de una vivienda tipo se realizará la distribución de radiadores de acuerdo a los cálculos aproximados de cargas térmicas de 120 W/m^2. Una vez distribuidos los radiadores, se realizarán dos trazados de tuberías, uno para el sistema monotubo y otro para el sistema bitubo, analizando las diferencias fundamentales y los condicionantes de instalación en cada caso.

ACTIVIDADES DE AUTOEVALUACIÓN

1. Las tuberías de fluidos deben seleccionarse para cumplir los siguientes criterios:
   - ☐ *a)* Solo presión y temperatura.
   - ☐ *b)* Compatibilidad con el fluido y presión.
   - ☐ *c)* Compatibilidad con el fluido, temperatura y presión.

2 Las presiones y temperaturas habituales en instalaciones de calefacción son:
   - ☐ *a)* 80 °C y entre 3 y 4 bares.
   - ☐ *b)* 60 °C y 4 mca.
   - ☐ *c)* Las nuevas instalaciones se diseñan para temperaturas de 60 °C y 2 bares.

3. Para instalaciones de agua caliente sanitaria ACS, la temperatura y la presión para diseño de tuberías suele ser:
   - ☐ *a)* 65 °C y 4 bares.
   - ☐ *b)* 80 °C y 4 bares.
   - ☐ *c)* 60 °C y 8 bares.

4. En instalaciones individuales de calefacción, las tuberías de plástico serán de clase:
   - ☐ *a)* Clase 2 para calefacción y clase 5 para ACS.
   - ☐ *b)* Clase 4 para suelo radiante, clase 5 para radiadores y clase 2 para ACS.
   - ☐ *c)* Clase 2 para radiadores, 3 para suelo radiante y 4 para ACS.

5. Deben aislarse todas las tuberías con temperatura de fluido superior a:
   - ☐ *a)* Solo las de temperatura superior a 40 °C que discurran por locales no calafateados.
   - ☐ *b)* Solo las de ACS.
   - ☐ *c)* Las del apartado *a)* y además es conveniente aislar las de calefacción que discurran por locales calefactados con temperatura superior a 60 °C.

6. Una chimenea donde los humos salen debido al incremento de presión producido por la diferencia de densidades entre el aire ambiente y los PdC, el cual es capaz de vencer las pérdidas de carga debidas al rozamiento de los humos con la propia chimenea permitiendo su salida hasta la cubierta.
   - ☐ *a)* Tiro natural.
   - ☐ *b)* Tiro forzado.
   - ☐ *c)* Tiro en depresión.

7. Los materiales comúnmente utilizados en chimeneas son:
   - ☐ *a)* De obra de fábrica.
   - ☐ *b)* Metálicas, en concreto de acero inoxidable.
   - ☐ *c)* Siempre de plástico por la condensación.

8. El empleo de tuberías plásticas como salida de humos tiene el inconveniente de:
   - ☐ *a)* La temperatura de humos alta.
   - ☐ *b)* La flexibilidad del material.
   - ☐ *c)* Los productos de la combustión en combustibles líquidos.

9. Las chimeneas colectivas:
   - ☐ *a)* Sirven a calderas colectivas.
   - ☐ *b)* Evacuan los PdC producidos por varias calderas; a ellas desembocan los conductos de evacuación de humos de cada una de ellas.
   - ☐ *c)* Ninguna de las anteriores.

10. En una caldera estanca (tipo C):
   - ☐ *a)* El conducto de entrada de aire y el de salida de humos puede ser el mismo.
   - ☐ *b)* Es necesario tener un conducto de entrada de aire y otro de evacuación de humos, que pueden ser diferentes o utilizar conductos concéntricos.
   - ☐ *c)* La entrada de aire que se utiliza es la propia del local.

SOLUCIONES:

1.	a	b	**c**
2.	**a**	b	c
3.	a	b	**c**
4.	a	**b**	c
5.	a	b	**c**
6.	**a**	b	c
7.	a	**b**	c
8.	**a**	b	c
9.	a	**b**	c
10.	a	**b**	c

6

Instalaciones eléctricas y sistemas automáticos en instalaciones caloríficas

Objetivos

- ✓ Realizar esquemas eléctricos con la simbología adecuada para instalaciones caloríficas.
- ✓ Analizar e interpretar los esquemas eléctricos de los equipos de instalaciones caloríficas dados por los fabricantes.
- ✓ Montaje y conexionado de cuadros de control y elementos periféricos para equipos de instalaciones caloríficas.
- ✓ Conocer el funcionamiento y la programación interna de las centrales de control de instalaciones caloríficas.

Mapa conceptual

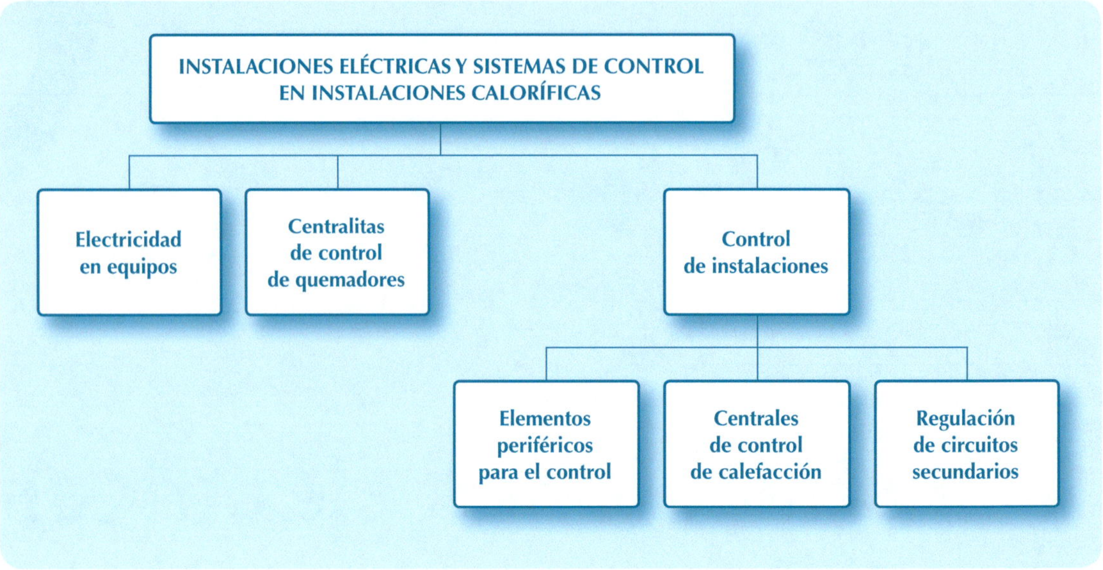

Glosario

Cuadro de control de caldera. Cuadro eléctrico o placa electrónica que puede estar incluida en la caldera, que gobierna el funcionamiento de esta, y al que pueden cablearse elementos periféricos para hacer la función de central de control de calefacción.

Cuadro de control de instalaciones. Cuadro eléctrico que alberga el aparellaje de fuerza y control de las instalaciones de instalación de calefacción. Hasta él se cablean los equipos periféricos de control y seguridad de la instalación.

Central de control de calefacción. Equipo eléctrico o electrónico que gobierna el funcionamiento de la instalación de calefacción completa.

Centralita de control de quemadores. Equipo electrónico que, una vez recibida la orden de marcha del quemador por parte de la central de calefacción, inicia el proceso de arranque, vigilancia de la llama, parada y bloqueo del quemador.

Elementos periféricos. Elementos de control y seguridad que envían al cuadro de mando y control información sobre el estado de una instalación calorífica.

6.1. Introducción

Tanto en equipos productores de calor como en equipos emisores, la electrónica cada vez está más presente. Este capítulo se centrará en describir las instalaciones eléctricas para equipos y la instalación electrónica interior de los equipos

SABÍAS QUE...

Las instalaciones eléctricas para instalaciones caloríficas deben cumplir lo especificado en el Reglamento Electrotécnico de Baja Tensión REBT (RD 842/2002, de 2 de agosto).

Las instalaciones eléctricas relacionadas con las instalaciones caloríficas pueden ser:

a) Instalaciones eléctricas de acometida a equipos productores o emisores.
b) Instalaciones electrónicas de equipos de producción de calor.
c) Instalaciones eléctricas de control y seguridad de instalaciones.
d) Centrales de control y automatización de instalaciones.

Para la determinación de acometidas eléctricas de equipos productores o emisores debemos tener en cuenta la potencia consumida y la distancia de la línea de acometida. En este punto se aplicarán los conocimientos de los módulos de contenido eléctrico para determinar la sección de la línea de acometida, de acuerdo a los dispuesto en el REBT. No está dentro de los contenidos de este libro los cálculos de líneas eléctricas.

En el presente apartado utilizaremos la documentación técnica de la caldera NGO50/25 de Roca, cuyo cuadro de control se muestra en el dibujo de la figura 6.1. Esta caldera es solo calefacción, por lo que no tendremos ACS.

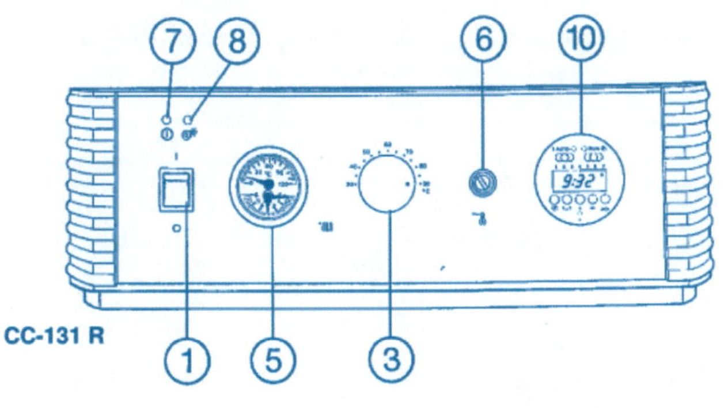

1. Interruptor ON-OFF.
3. Termostato regulación de caldera.
5. Termohidrómetro.
6. Termostato de seguridad (rearme manual).
7. Piloto indicador de tensión.
8. Piloto indicador de bloqueo.
10. Reloj programador.

Figura 6.1
Cuadro de control CC-131-R para caldera de pie NGO50/25 de Roca.
(*Fuente*: Baxi).

El esquema eléctrico del cuadro de la figura 6.1 se muestra, a su vez, en la figura 6.2.

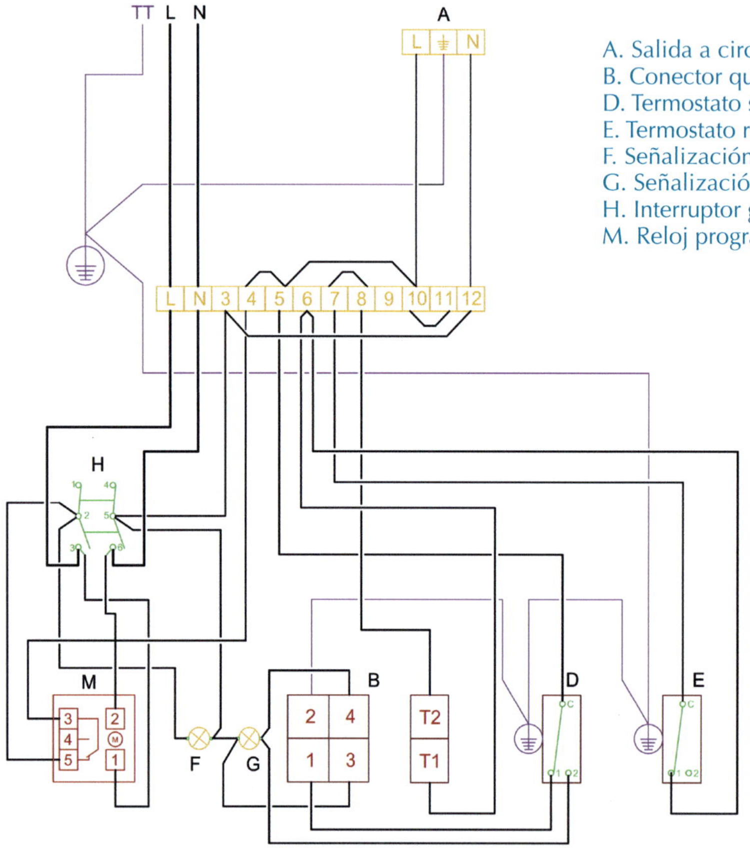

A. Salida a circulador.
B. Conector quemador.
D. Termostato seguridad.
E. Termostato regulación.
F. Señalización de tensión.
G. Señalización de bloqueo del quemador.
H. Interruptor general.
M. Reloj programador.

Figura 6.2
Esquema eléctrico de cuadro de control CC-131-R.

RECUERDA

✓ Los conectores para quemadores estándar disponen de 7 pines. Las conexiones entre caldera y quemador se realizan mediante estos conectores estándar. El esquema de conexión se corresponde con la siguiente figura de la derecha:

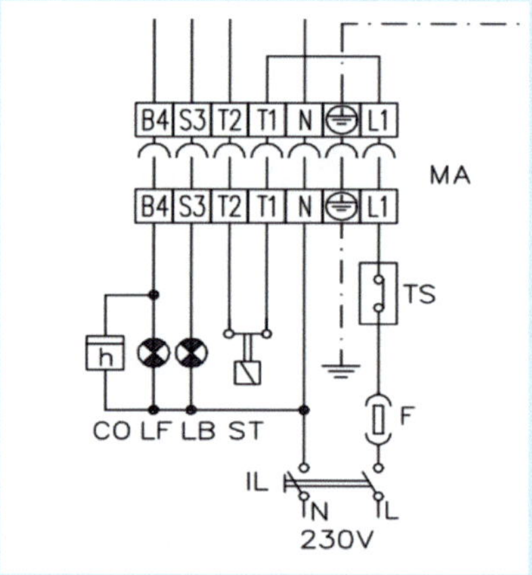

Donde:
CO: Contador de horas de funcionamiento.
LF: Señalización de funcionamiento.
LB: Señalización de bloqueo.

Actividad propuesta 6.1

Considera el esquema de la figura 6.2 y la figura del conector de quemador junto con su esquema de conexionado del cuadro "Recuerda" e identifica sobre el esquema las conexiones del conector.

Las protecciones eléctricas de los equipos de instalaciones caloríficas se diseñan de acuerdo a lo dispuesto en la Instrucción Técnica Complementaria BT17 del REBT.

En la instalación de los elementos de control y protección se emplearán armarios o cuadros eléctricos, con un grado de protección mínimo IP30. La ubicación de los cuadros eléctricos donde se ubique el interruptor general deberá estar en las proximidades de la puerta de entrada a la sala de caderas. En caso de que el local esté considerado como sala de calderas, de acuerdo a lo dispuesto en la UNE 60.601, el interruptor general no cortará el sistema de ventilación forzada de la sala.

Es importante la conexión a tierra del equipo, además de respetar el orden de línea y fase de la instalación, sobre todo cuando se conectan elementos electrónicos.

TOMA NOTA

Los grados de protección de envolventes que define el Reglamento Electrotécnico de Baja Tensión se componen de dos cifras, que se corresponden con:

Primera cifra: grado de protección de las personas contra partes peligrosas.

Cifra	Grado de población	
	Descripción abreviada	Indicación breve sobre los objetos que no deben penetrar en la envolvente
0	No protegida	Sin protección particular
1	Protegida contra los cuerpos sólidos de más de 50 mm	Cuerpos sólidos con un diámetro superior a 50 mm
2	Protegida contra los cuerpos sólidos de mas de 12 mm	Cuerpos sólidos con un diámetro superior a 12 mm
3	Protegida contra cuerpos sólidos de mas de 2,5 mm	Cuerpos sólidos con un diámetro superior a 2,5 mm
4	Protegida contra cuerpos sólidos de más de 1 mm	Cuerpos sólidos con un diámetro superior a 1 mm
5	Protegida contra la penetración de polvo	No se impide totalmente la entrada en polvo, pero sin que el polvo entre en cantidad suficiente que llegue a perjudicar el funcionamiento satisfactorio del equipo
6	Totalmente estanco al polvo	Ninguna entrada de polvo

Segunda cifra: grado de protección de los equipos interiores contra la penetración del agua.

Cifra	Grado de población	
	Descripción abreviada	Tipo de protección proporcionada por la envolvente
0	No protegida	Sin protección particular
1	Protegida contra la caída vertical de gotas de agua	La caída vertical de gotas de agua no deberán tener efectos perjudiciales
2	Protegida contra la caída de gotas de agua con una inclinación máxima de 15°	Las caídas verticales de las gotas de agua no deberán tener efectos perjudiciales cuando la envolvente está inclinada 15° con respecto a la posición normal
3	Protegida contra la lluvia fina (pulverizada)	El agua pulverizada de lluvia que cae en una dirección que forma un ángulo de hasta 60° con la vertical, no deberá tener efectos perjudiciales
4	Protegida contra las proyecciones de agua	El agua proyectada en todas direcciones sobre la envolvente no deberá tener efectos perjudiciales
5	Protegida contra los chorros de agua	El agua proyectada con la ayuda de una boquilla, en todas las direcciones, sobre la envolvente, no deberá tener efectos perjudiciales

6.2. Centralitas de control de quemadores mecánicos

El funcionamiento de los quemadores mecánicos se ha descrito en capítulos anteriores. El presente apartado entra a describir el funcionamiento de un elemento fundamental de estos quemadores como es su centralita de control. La centralita de control del quemador realiza las siguientes funciones:

- Arranque del quemador.
- Control de llama.
- Parada del quemador.
- Bloqueo y desbloqueo del quemador.

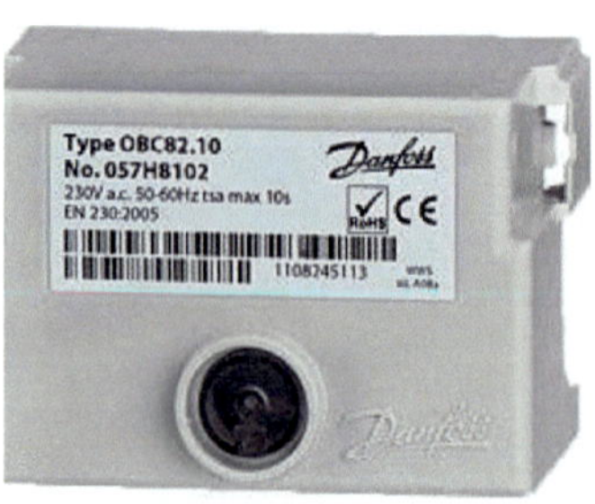

Figura 6.3
Centralita para quemador OBC82.10.
(*Fuente*: Danfoss).

Para el estudio de este apartado analizaremos una de las centralitas más instaladas por fabricantes de quemadores. Se trata de Danfoss (figura 6.3) que, junto con Landis, Satronic y Rielo son las marcas más comunes que podemos encontrar en quemadores.

El diagrama eléctrico interno de la centralita del quemador puede verse en la figura 6.4. En ella podemos distinguir varias partes:

- La alimentación con fase (al terminal 1 de la centralita).
- La alimentación con neutro a los receptores (electroválvula, ventilador, transformador, fotocélula).
- Parte interna de la centralita, incluida su placa electrónica.

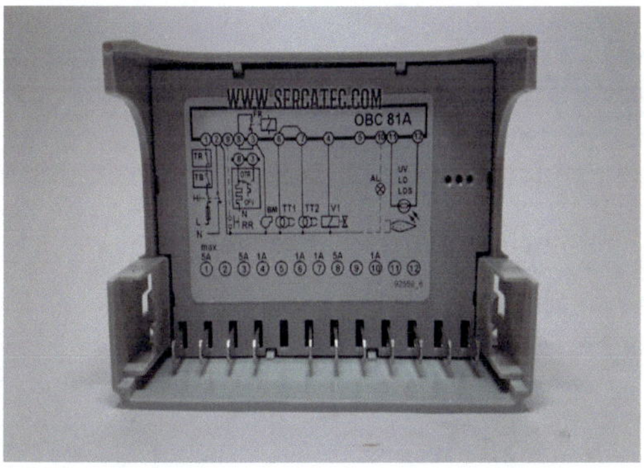

Figura 6.4
Esquema eléctrico tipo de centralita.
(*Fuente*: Danfoss).

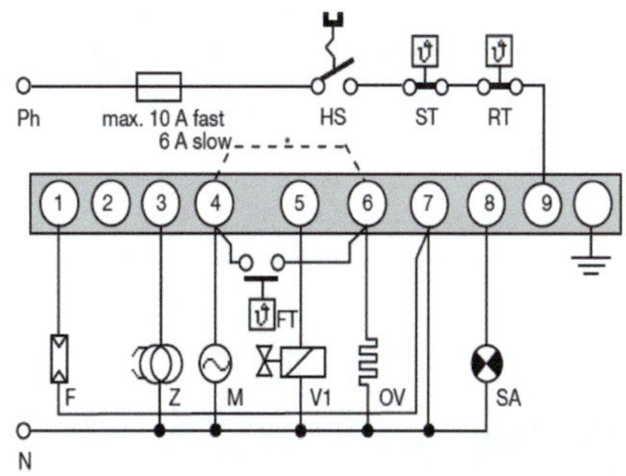

Figura 6.5
Esquema de conexiones centralita tipo.
(*Fuente*: Danfoss).

Como se ha visto en el capítulo correspondiente, los elementos fundamentales del quemador mecánico (figura 6.5) son:

M: Motor ventilador y bomba para quemadores de gasoil.
V: Electroválvula.
Z: Transformador AT.
SA: Señalización.
F: Fotocélula.
OV: Resistencia de precalentamiento.

El proceso de arranque del quemador se inicia con el cierre de los contactos T1-T2 (HS); a continuación, se produce la siguiente secuencia:

- Conexión resistencia calentamiento.
- Ta (tiempo de precalentamiento).
- Cierre de termostato y confirmación de calentamiento.
- Arranque del motor ventilador y bomba + inicio chispa de electrodos (barrido).
- Tb (tiempo de barrido).
- Abre electroválvula de combustible.
- Inicio control llama por fotocélula.

La presencia en los quemadores de resistencias de precalentamiento recuerda a los antiguos quemadores de fuel. En estos quemadores antiguos, había que asegurarse de que el combustible llegaba a la boquilla del quemador en condiciones óptimas de densidad para que pudiese fluir por la lanza y pudiera ser quemado de forma conveniente. Por ese motivo se instaba la resistencia, de modo que el combustible pasaba a la boquilla a una temperatura mínima de 50 °C. Para los quemadores de gasoil, esta resistencia está en desuso. En caso de quemadores sin resistencia de precalentamiento del combustible, una vez se cierra el contacto T1-T2, el quemador inicia el proceso de barrido.

El RITE obliga a la regulación de quemadores en función de la potencia, de acuerdo al cuadro 6.1.

CUADRO **6.1.**
Fraccionamientos de potencias en generadores de calor

Potencia térmica nominal (kW)	Regulación
P < 70 kW	1. Marcha o modulante
70 < P < 400 kW	2. Marcha o modulante
P > 400 kW	3. Marcha o modulante

Actividad propuesta 6.2

Determina sobre el esquema de la figura 6.5 los elementos eléctricos adicionales que serían necesarios en los siguientes casos:

a) Quemador a dos marchas de gasoil.
b) Quemador modulante de gas.

6.3. Control en instalaciones caloríficas. Elementos periféricos y sistemas de control

Las instalaciones caloríficas disponen de elementos de control que nos permiten automatizar su funcionamiento e implementar sistemas de seguridad de funcionamiento. Para ello será necesario disponer en la instalación de diferentes elementos de control que nos permitan conocer el estado de ciertas variables de funcionamiento.

6.3.1. Montaje y conexión de elementos periféricos

Además de los elementos internos de control de las calderas, en las instalaciones de producción de calor se disponen elementos periféricos de seguridad y control de las instalaciones. Estos elementos periféricos se montan en la instalación y se cablean hasta el cuadro de control, de modo que se interponen como seguridad y control en el esquema eléctrico.

Los elementos periféricos nos trasmiten el estado de la instalación en cada momento, de modo que se conozca desde el sistema de control la situación y las necesidades de esta. Dado que los sistemas de control son centrales eléctricas o electrónicas, necesitamos elementos que nos traduzcan las magnitudes físicas controlables de la instalación a valores eléctricos. Los elementos de seguridad periféricos comúnmente utilizados en instalaciones caloríficas pueden ser:

- Presostatos de seguridad.
- Detectores de flujo.
- Pirostatos.
- Detectores de gases ambiente.

FUNDAMENTAL

En los sistemas de control y regulación se utilizan las señales emitidas por los elementos de campo o periféricos. Estas señales se cablean hasta el cuadro de control y determinan el estado de la instalación. Las señales que podemos encontrarnos en instalaciones caloríficas son:
Señales digitales: son señales que nos indican un estado o posición, en los que no conocemos el valor de la magnitud medida. Solo conocemos si está por encima o por debajo de un valor determinado, adoptando una de dos posiciones posibles (0-1, abierto-cerrado).
Señales analógicas: las señales analógicas pueden adoptar cualquier valor dentro de un rango, de modo que nos permite conocer el valor de una determinada magnitud. La traducción de este valor en señal eléctrica suele ser en instalaciones caloríficas de tipo 0-10V, 0-20 mA o 4-20 mA.

A) Presostatos de seguridad

Pueden ser de máxima presión, de modo que no permita el funcionamiento del equipo en caso de que se supere una presión determinada; o de mínima, de forma que no permita el funcionamiento si no existe en la instalación como mínimo una presión determinada (figura 6.6).

Figura 6.6
Presostato agua.
(*Fuente*: Baxi).

TOMA NOTA

La baja presión en la instalación puede suponer vaporizaciones del agua a bajas temperaturas o mal funcionamiento en los elementos circuladores, dado que es necesario disponer de una presión mínima en aspiración para evitar cavitaciones. Normalmente la regulación de los presostatos de mínima es de 1,2 bar, de manera que, si no se supera esta presión, no permite el arranque de la caldera, comunicando un error.

B) Detectores de flujo

Los detectores de flujo confirman la circulación de flujo por las tuberías del sistema. Es necesario para evitar el sobrecalentamiento del agua en la caldera en caso de fallo de los elementos circuladores.

TOMA NOTA

Los detectores de flujo se utilizan cada vez más en calderas mixtas para la detección de demanda de ACS. El paso de las calderas puramente hidráulicas, en las que la demanda de ACS movía un vástago y membrana, a las calderas electrónicas ha hecho que sea necesario la instalación de este tipo de sensores. Los detectores de flujo en esta función hacen que el sistema de control conozca que existe demanda de ACS y la caldera se disponga a prepararla.

Existen diferentes tipologías para la detección de flujo en instalaciones. Los detectores de paleta han sido ampliamente utilizados para su inserción en circuitos hidráulicos. Las nuevas calderas murales instalan sensores con flotadores y detectores magnéticos, de modo que la presencia de flujo arrastra un flotador metálico de la posición de reposo a la posición donde se encuentra el detector, lo que hace indicar la presencia de flujo.

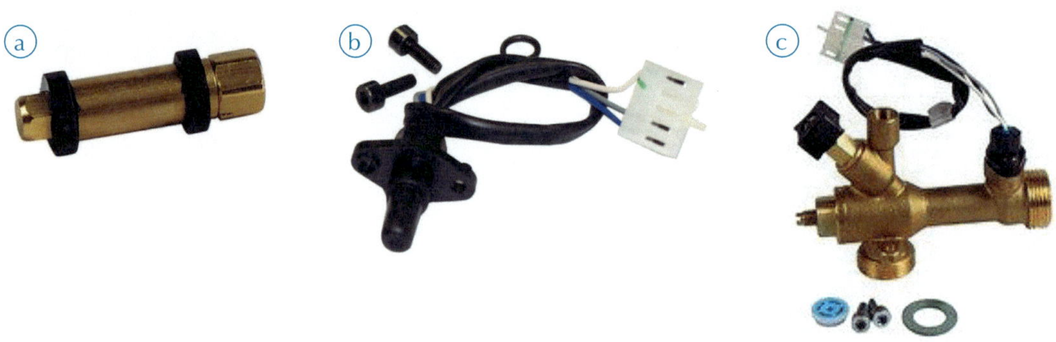

Figura 6.7
a) Flotador (arrastrado por el flujo); *b)* Detector (detecta presencia metálica del flotador); *c)* Conjunto detector y flotador para caldera mural.
(*Fuente*: Baxi).

C) Pirostatos

Es necesario controlar la temperatura máxima de humos que nos indica que existe problemas de combustión. Para ello se instalan los termostatos en las chimeneas de salidas de humos, que en este caso se denominan *pirostatos*.

Figura 6.8
Pirostato con indicador de temperatura de humos.
(*Fuente*: Sonder).

FUNDAMENTAL

Los elementos de seguridad de instalaciones caloríficas suelen tener un sistema de rearme manual; esto hace que, si se produce su activación, sea necesaria la presencia de un operario para su rearme.

D) Detectores de gases ambiente

En locales de salas de calderas, es necesario instalar detectores de fugas de gases combustibles, de modo que antes de que se alcance el límite de explosividad del combustible, se actué sobre el sistema de suministro y sobre el sistema de extracción de aire. También es posible instalar detectores de gases de la combustión (CO o CO_2) para impedir que una posible entrada de estos gases en la sala pueda resultar peligrosa. La ubicación de los detectores será diferente dependiendo de la densidad relativa del gas a detectar.

Los elementos anteriores estarán cableados hasta el cuadro de control de caldera. Siguiendo con el ejemplo del cuadro de control CC-131R de la caldera NGO50/25 de Roca, la conexión de los dispositivos disponible podría hacerse mediante el contacto normalmente cerrado de cada sensor, y con todos los controles de seguridad instalados en serie, de manera que la apertura de cualquiera de los contactos eléctricos de los dispositivos de control instalados impediría el funcionamiento de la caldera.

El esquema eléctrico del conjunto quedaría del modo siguiente (figura 6.9): cableando sobre el cuadro de control de la caldera los contractos de los elementos periféricos (parte naranja).

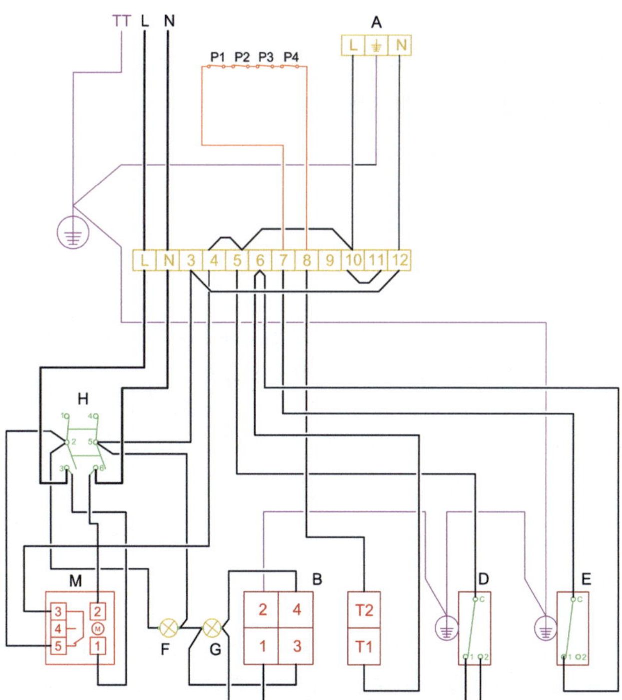

Figura 6.9
Esquema eléctrico de cuadro de control CC-131-R.

Sobre el esquema elemental del cuadro de control de caldera (figura 6.9), se han implementado los elementos siguientes:

P1: Presostato de mínima (1,2 bares).
P2: Pirostato.
P3: Detector de flujo.
P4: Detector CO sala calderas.

Como puede verse en la figura 6.9, cualquier condición de seguridad que se incumpla supondrá el corte de continuidad entre los contactos T1 y T2 del conector del quemador y, por tanto, el apagado del quemador.

6.3.2. Centrales de control de calefacción

Cada vez está más extendido el uso de centrales de control de calefacción, que nos permite modificar las consignas de funcionamiento en función de variables externas, como por ejemplo la temperatura exterior (figura 6.10). Las nuevas calderas murales de la mayoría de los fabricantes ya implementan esta función, en la que varía la temperatura de calentamiento del agua dependiendo de las condiciones exteriores.

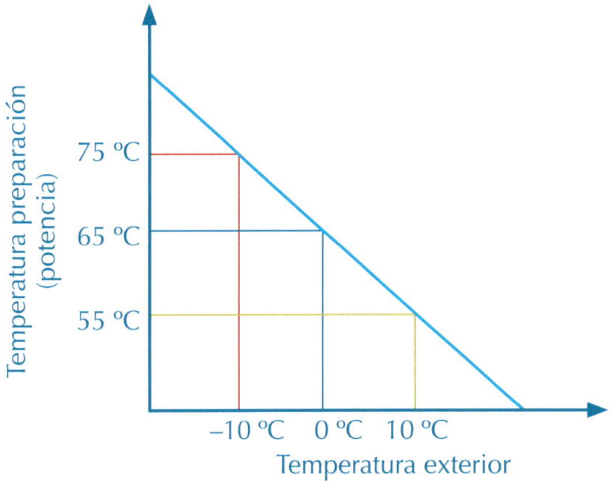

Figura 6.10
Variación de temperatura del agua en función de la temperatura exterior.

Esta solución de regulación, en la mayoría de las ocasiones, se ve complementada con la regulación de los equipos emisores por termostatos ambiente en el interior de los locales o válvulas termostáticas. Para la regulación serán necesarios los siguientes elementos: termostatos y sondas de temperatura.

A) Termostatos

Los termostatos son elementos del circuito de control que abren o cierran un contacto eléctrico en función de la temperatura. Se pueden instar cableados hasta la centralita de control o mediante comunicación inalámbrica (wifi o *bluetooth*).

En la actualidad, en instalaciones de calefacción, se suelen instalar termostatos digitales programables, de modo que se dispone del valor de temperatura real de la habitación y de un valor de consigna variable, dependiendo de la hora del día, día de la semana, mes, estación del año, periodos vacacionales, etc.

TOMA NOTA

En instalaciones térmicas es habitual medir la temperatura. Podemos hacerlo en tuberías, depósitos, fluidos, locales, etc. Para esta medida necesitamos unos equipos que nos traduzca la magnitud de temperatura en una medida eléctrica (intensidad, voltaje o resistencia) que son las que puede interpretar las centrales electrónicas. Las sondas más habituales en instalaciones caloríficas son zonas Pt100/Pt1000, sondas NTC o sondas PTC. Estas sondas, mediante su curva, relacionan valores de temperatura con resistencia eléctrica. Las sondas Pt100 dan un valor de resistencia de 100Ω a 0 °C. La curva que relaciona ambos valores puede verse a continuación.

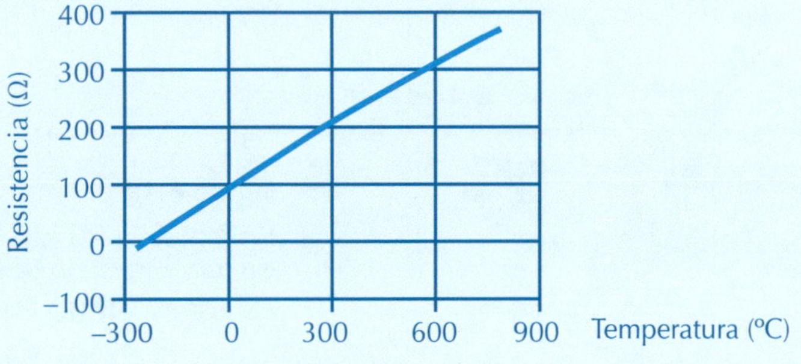

Las sondas NTC y PTC se fabrican de diferentes materiales, y básicamente su diferencia está en su coeficiente de temperatura, que en las PTC (coeficiente de temperatura positivo) hace que el valor de resistencia crezca al aumentar la temperatura, mientras que en las NTC (coeficiente de temperatura negativo), el valor de resistencia decrece cuando aumenta la temperatura.

Una característica importante al elegir la sonda que instalar es su linealidad, de modo que se pueda fácilmente traducir el valor de temperatura en resistencia. También es interesante que la pendiente de la curva en las temperaturas de trabajo sea adecuada, de forma que variaciones pequeñas de temperatura puedan ser medidas con variaciones sensibles de resistencia.

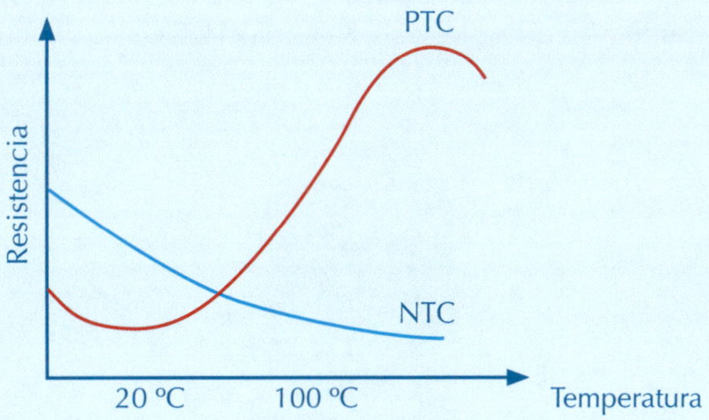

Como puede verse, la curva de la sonda NTC se ajusta mejor a las temperaturas habituales de sistemas de calefacción, por su pendiente y su linealidad.

B) Sondas de temperatura exteriores

Con la sonda exterior el sistema se anticipa a lo que va a suceder en el interior, teniendo en cuenta lo que está sucediendo en el exterior, por ejemplo, cuando hay cambios bruscos de tiempo, como que de repente salga o se esconda el sol, vientos fríos, etc. (figura 6.11). Esta regulación puede ser solo en función de la temperatura exterior o complementada con el sensor de temperatura ambiente del interior, lo que hace que sea la regulación más precisa que se puede conseguir. Las sondas exteriores también se fabrican con conexión inalámbrica, lo que facilita su instalación, sobre todo en reformas de instalaciones existentes.

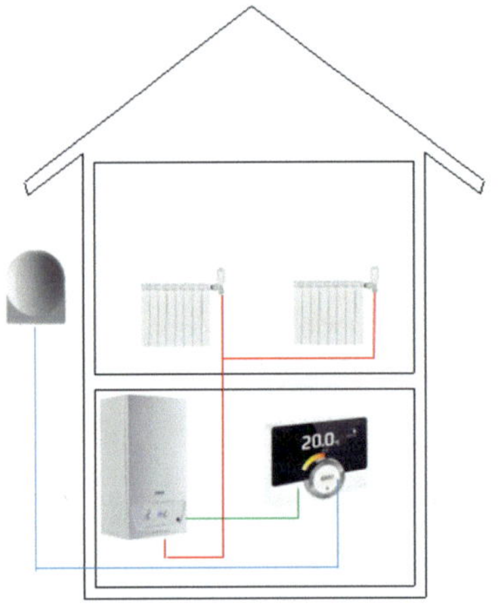

Figura 6.11
Instalación con regulación en función de la temperatura exterior y válvula termostática.

TOMA NOTA

El RITE, en su IT1.2.4.3 sobre Control, obliga en los sistemas de calefacción por agua en viviendas a instalar una válvula termostática en cada una de las unidades emisoras terminales de estancias principales (sala de estar, comedor, dormitorios, etc.).

Las válvulas termostáticas en los radiadores se componen de una válvula ordinaria que abre y cierra la entrada de agua al radiador según le ordene un cabezal termostático que, en función de la temperatura de la sala, actúa sobre la válvula para abrir o cerrar (figura 6.12).

En los últimos años, se ha producido un desarrollo importante en los cabezales termostáticos, pasando de los cabezales fabricados con material sensible a la temperatura, que se expanden y cierran la válvula, a los cabezales electrónicos como los de la figura 6.12.

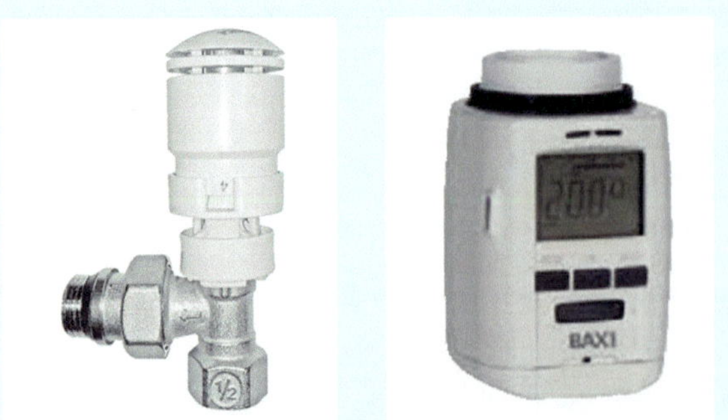

Figura 6.12
Válvula termostática.

6.3.3. Regulación de circuitos secundarios

Otro sistema interesante de tratar en este apartado de instalaciones eléctricas es el sistema de regulación secundario en instalaciones caloríficas. En la siguiente figura puede verse una regulación para circuitos de suelo radiante.

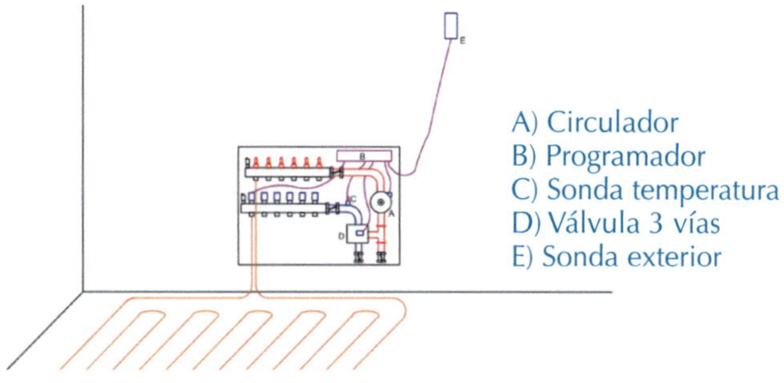

Figura 6.13
Regulación mediante válvula mezcladora.

En este esquema podemos ver cómo el controlador modificará la posición de la válvula para que la mezcla entre el agua de impulsión y el retorno se ajuste a la temperatura de consigna. El circulador mantiene el caudal constante en el sistema de emisores, mientras que varía la temperatura del agua. Se denomina, pues, *sistema de regulación a caudal constante.*

La actuación del controlador sobre el motor de la electroválvula puede ser en forma de señal de salida digital (0-10V) o mediante actuadores a 3 puntos. Estos últimos disponen de un común y una salida para abrir y otra para cerrar la válvula. Las conexiones eléctricas en este caso se muestran en la figura 6.14.

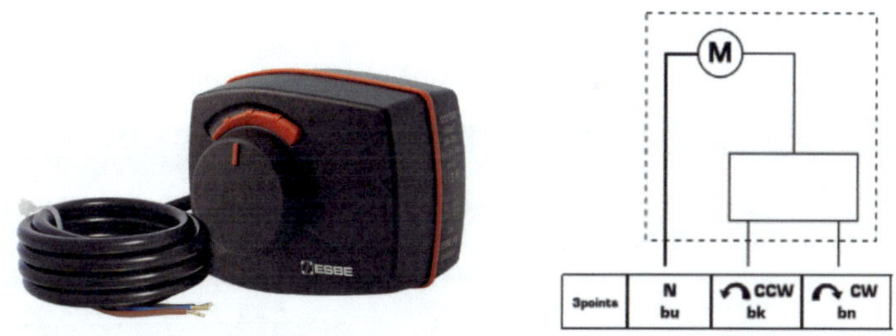

Figura 6.14
Actuador 3 puntos para válvula.
(*Fuente*: ESBE).

Resumen

- Las instalaciones eléctricas relacionadas con las instalaciones caloríficas pueden ser:
  - Instalaciones eléctricas de acometida a equipos productores o emisores.
  - Instalaciones electrónicas de equipos de producción de calor.
  - Instalaciones eléctricas de control y seguridad de instalaciones.
  - Centrales de control y automatización de instalaciones.
- La centralita de control del quemador realiza las siguientes funciones:
  - Arranque del quemador.
  - Control de llama.

- Parada del quemador.
- Bloqueo y desbloqueo del quemador.

- La alimentación a quemadores mecánicos se realiza mediante conector estándar de 7 pines, donde los tres primeros son la alimentación (L-TT-N), los dos siguientes el contacto de orden de arranque del quemador (T1-T2), y los dos siguientes son señalización de funcionamiento y bloqueo, respectivamente.
- Los elementos periféricos nos trasmiten el estado de la instalación en cada momento, de modo que se conozca desde el sistema de control la situación y las necesidades de esta. Pueden ser termostatos, presostatos, pirostatos, detectores de gases, flujostatos, etc.
- Los elementos periféricos nos pueden transmitir una señal digital o analógica, dependiendo de si necesitamos conocer el valor de la magnitud o si solo necesitamos conocer si está por encima o por debajo de un valor determinado.
- En la regulación de instalaciones mediante sonda exterior, el sistema conoce la temperatura exterior y varía su funcionamiento de acuerdo con esta. Se consigue un ahorro importante de energía con estos sistemas, los cuales ya los incorporan la mayoría de fabricantes de calderas en la placa de control con opción de regulación.

Ejercicios propuestos

1. Dibuja un cuadro de control de instalaciones para una caldera de pie de gasoil con consumo eléctrico de 290 W al que debe incorporarse un presostato, un termostato ambiente y un pirostato.
2. Explica las diferencias entre señales de control analógicas y digitales.
3. Consulta el RITE e identifica la instrucción en la que se obliga a la regulación de quemadores en función de la potencia.
4. Descarga las especificaciones de la caldera Platinium 24F de Baxi. Busca la información sobre de regulación de calefacción en función de la temperatura exterior e identificando las curvas a seleccionar dependiendo del tipo de instalación de emisores que tenemos.
5. Explica las diferencias entre actuadores para válvulas de 3 puntos y analógicos 0-10V.

Práctica

Diseño y construcción de cuadro eléctrico didáctico para la simulación de arranque de quemador mecánico mediante equipos eléctricos.

Objetivo	Se trata de conocer el proceso de arranque, control de llama, parada y bloqueo del quemador.
Material	Simbología eléctrica y herramientas de dibujo para el diseño. Quemador mecánico.

Procedimiento	Se realizará el diseño de cuadro de control para quemador que sustituya a la centralita del quemador. Una vez realizado el diseño, se procederá a su fabricación y puesta en funcionamiento. A través de la simulación del arranque del quemador mediante cuadro eléctrico didáctico, el alumno entenderá el proceso de arranque, parada y bloqueo del quemador, así como determinará las posibles causas de disfunciones en el proceso de funcionamiento. El cuadro deberá incluir: – Alimentación a elementos del quemador (motor, electroválvula, transformador para electrodos, etc.). – Temporizaciones para que cada elemento empiece a funcionar en el momento adecuado. – Selector que haga las funciones de confirmación de llama de la fotocélula.

ACTIVIDADES DE AUTOEVALUACIÓN

1. Las instalaciones eléctricas que alimentan instalaciones caloríficas se diseñan según:
   - ☐ *a)* Solo se aplica el RITE por ser instalaciones caloríficas.
   - ☐ *b)* El RITE y sus normas UNE, además del REBT.
   - ☐ *c)* El REBT no se aplica por ser instalaciones contempladas en el RITE.

2. Un presostato con rearme manual es:
   - ☐ *a)* Un elemento de control de instalaciones que garantiza que, si en la instalación se supera el valor para el que se ha tarado, la instalación no vuelve a funcionar hasta que un operario rearme el presostato tras comprobar el posible fallo que ha producido la elevada presión.
   - ☐ *b)* Un elemento de control de instalaciones que controla una elevada presión en la salida de humos.
   - ☐ *c)* Un elemento de regulación manual de presión en la instalación.

3. La orden de marcha a un quemador mecánico se realiza desde el control de caldera mediante:
   - ☐ *a)* El cierre de un contacto auxiliar del contacto que alimenta al quemador.
   - ☐ *b)* Un contactor que alimenta la fase y neutro de la línea de alimentación del quemador.
   - ☐ *c)* El cierre de los contactos T1 y T2 del conector estándar, dado que el quemador siempre se mantiene alimentado y es el cierre de estos contactos los que dan la orden de marcha.

4. La ubicación del cuadro eléctrico donde se ubique el interruptor general deberá ser:
   - ☐ *a)* Cerca de la centralita de los quemadores.
   - ☐ *b)* Lejos de la caldera para evitar altas temperaturas.
   - ☐ *c)* En las proximidades de la puerta de entrada a la sala de caderas.

5. Los quemadores modulantes, de acuerdo con el RITE, deben instalarse:
   - ☐ *a)* Solo para potencias superiores a 400 kW.
   - ☐ *b)* Solo para calderas mixtas.
   - ☐ *c)* Para cualquier potencia, dado que producen un ahorro de combustible en todo caso.

6. Los detectores de flujo o flujostatos se utilizan habitualmente en instalaciones caloríficas:
   - ☐ *a)* Como elementos para detectar el flujo de los humos y la no existencia de revocos.
   - ☐ *b)* En calderas mixtas como elementos de detección de demanda de ACS, en sustitución de los vástagos movidos por membranas que manejaban la válvula diversora.
   - ☐ *c)* No se suelen utilizar ya, dado que se han sustituido por caudalímetros, que son más precisos y nos permiten conocer la presencia de flujo y el caudal.

7. La sonda más utilizada en instalaciones caloríficas es de tipo:
   - ☐ *a)* NTC.
   - ☐ *b)* PTC.
   - ☐ *c)* Pt1000.

8. El RITE obliga en los sistemas de calefacción por agua en viviendas a instalar una válvula termostática en cada una de las unidades emisoras terminales de:
   - ☐ *a)* Todas las estancias no ocupadas frecuentemente en la vivienda.
   - ☐ *b)* Todas las estancias principales (salón, comedor, dormitorios, etc.).
   - ☐ *c)* Sobre todo, en los pasillos, dado que es donde se producen las mayores pérdidas de calor con el exterior.

9. La alimentación al servomotor a 3 puntos de una válvula motorizada para la regulación por mezcla de agua de implosión y de retorno se da:
   - ☐ *a)* Mediante tres cables (línea, tierra y neutro).
   - ☐ *b)* Con un cable común, otro para abrir y otro para cerrar.
   - ☐ c) Mediante cables, la presencia de tensión abre y la ausencia cierra.

10. El pirostato sirve para:
    - ☐ *a)* Medir la temperatura de humos.
    - ☐ *b)* Medir la temperatura de humos y accionar un contacto eléctrico en caso de que supere un valor máximo.
    - ☐ *c)* Medir la temperatura de humos y enviar una señal 0-10 V con el valor de la temperatura medida.

SOLUCIONES:

1.	a	**■b**	c	**5.**	a	b	**■c**				
2.	**■a**	b	c	**6.**	a	**■b**	c	**9.**	a	**■b**	c
3.	a	b	**■c**	**7.**	**■a**	b	c	**10.**	a	**■b**	c
4.	a	b	**■c**	**8.**	a	**■b**	c				

7

Pruebas y puesta en marcha de instalaciones caloríficas

Objetivos

- ✓ Conocer los procedimientos de pruebas y puesta en marcha de equipos de producción de calor.
- ✓ Determinar los procedimientos de puesta en marcha de los equipos de instalaciones caloríficas.
- ✓ Saber cuáles son los parámetros de puesta en marcha de equipos en estaciones de producción de calor.
- ✓ Analizar los factores que intervienen en la combustión en equipos de producción de calor.
- ✓ Establecer los parámetros de rendimiento de los equipos de producción de calor.

Mapa conceptual

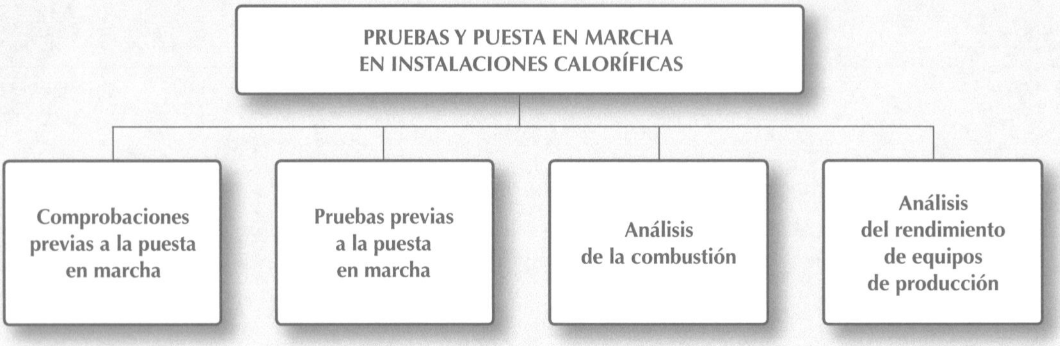

Glosario

Análisis de la combustión. Procedimiento de análisis que se realiza en la puesta en marcha o revisión de los equipos de combustión y que consiste en analizar los productos de esta combustión (PdC) y comprobar que se encuentran dentro de los márgenes establecidos.

Combustión. Reacción química de oxidación del carbono presente en los combustibles. Se trata de una reacción exotérmica, es decir, que desprende calor.

Condensados. Parte del vapor de agua contenido en los PdC que, tras su contacto con partes más frías de la caldera, condensa y es extraído de forma independiente el resto de PdC.

Curva característica. Para un equipo de bombeo, es la curva que nos relaciona la altura o presión del equipo con el caudal bombeado. También puede contener datos de potencia y rendimiento.

Prueba de estanqueidad. Proceso que garantiza la ausencia de fugas en una instalación o equipo.

Poder calorífico. Cantidad de energía que podemos obtener por la combustión de una cantidad determinada de combustible.

Rendimiento. Es la relación entre la potencia entregada al fluido caloportador y la consumida en la combustión.

7.1. Introducción

Una vez terminada la ejecución de la instalación, es necesario realizar las comprobaciones y pruebas previas antes de la puesta en servicio de la instalación. Los resultados obtenidos en estas pruebas deben ser registrados y se suman a la documentación final de obra del proyecto. Será necesaria la presencia del director de la instalación, en caso de que esta figura esté contemplada en la obra.

SABÍAS QUE...

El RITE, en su artículo 24, se ocupa de la puesta en marcha de la instalación. Para ello será necesario presentar en el órgano competente de la comunidad autónoma, en nuestro caso la Delegación Territorial de la Consejería con las competencias en materia de industria, la documentación de proyecto o memoria técnica, certificado de instalación y certificado de inspección inicial cuando sea necesario. Una vez registrada la instalación, es necesario entregar una serie de documentación al titular de la instalación, entre ella, los resultados de las pruebas realizadas.

Para determinar el alcance de cada una de las pruebas y equipos que deben someterse a ellas, nos remitimos a la instrucción IT.2 del RITE.

Actividad propuesta 7.1

Lee detenidamente las prescripciones de montaje y pruebas que se describen en la IT.2 del RITE. Enumera los equipos que crees que deben ser sometidos a una prueba o revisión previa a la puesta en marcha de la instalación de calefacción de una vivienda convencional.

El análisis de la combustión es un paso fundamental en la puesta en marcha de las calderas. Para ello se analizan los humos de la caldera, analizando los resultados y regulando los equipos para garantizar una buena combustión, segura y con buen rendimiento.

FUNDAMENTAL

La norma UNE-EN 14336 establece las condiciones de instalación y puesta en servicio de sistemas de calefacción por agua en edificios. En ella se recogen guías de buenas prácticas de aplicación para las pruebas y comprobaciones previas a la puesta en servicio de estas instalaciones.

7.2. Comprobaciones previas a la puesta en marcha

Antes de poner en marcha los equipos es necesario cerciorarse de que la instalación se ha realizado cumpliendo las especificaciones de proyecto o memoria técnica de diseño. Para ello deberemos tener presente toda la documentación del proyecto, así como las especificaciones técnicas de los equipos a instalados.

7.2.1. Comprobaciones generales

Una vez realizadas las comprobaciones documentales, es el momento de comprobar que los equipos se encuentran convenientemente nivelados y anclados, que las alimentaciones eléctricas se encuentran conforme a lo calculado y conectadas de forma correcta, así como el adecuado ajuste de las uniones y conexiones hidráulicas.

También es fundamental comprobar que se encuentran instalados todos los elementos de seguridad en el circuito, así como el tarado y regulación de estos. Es determinante decidir si estos elementos van a estar conectados durante la realización de las siguientes pruebas o es necesario a aislarlos.

Una vez ejecutadas estas comprobaciones, podríamos pasar a realizar las comprobaciones de estanqueidad y presión que se detallan a continuación.

7.2.2. Prueba de estanqueidad y presión en red de tuberías

La prueba de estanqueidad tiene el objetivo de detectar posibles pérdidas en el circuito de agua. Debe realizarse antes de que las tuberías queden ocultas si la instalación va a ser empotrada. Se realizarán de acuerdo a la norma UNE 100151, teniendo en cuenta la norma UNE-ENV 12108 para tuberías plásticas.

El proceso a seguir para realizar la prueba de estanqueidad es el siguiente:

- Preparación y limpieza de la red de tuberías. Se procederá al llenado del circuito y vaciado las veces que sea necesario, hasta conseguir que los restos y productos no deseados que pudiera albergar la instalación, procedentes del proceso de instalación, queden eliminados. No se recomienda el uso de productos detergentes para redes de agua. Durante el llenado deberemos comprobar el buen funcionamiento de los purgadores en las partes altas del circuito y en radiadores.
- Prueba preliminar de estanqueidad. Esta prueba tiene el objetivo de detectar grandes fugas de agua fruto de malas conexiones o fallos graves en la instalación. Se realiza el llenado a baja presión para evitar daños en equipos. Esta prueba tendrá una duración adecuada, hasta descartar fallos.
- Prueba de resistencia mecánica. Una vez pasada la prueba preliminar anterior, se procede a someter a la instalación a la presión de prueba. Para ello, mediante una bomba manual con manómetro se somete a la instalación a la presión de prueba Pb. Es necesario determinar la presión máxima admisible en todos los elementos del circuito. En caso de que algún elemento no esté preparado para soportar la presión de prueba, es necesario su aislamiento. Debemos anular también las válvulas de seguridad, dado que normalmente se encuentran taradas a presiones inferiores a la presión de prueba. El tiempo de espera en el que debemos mantener la presión de prueba en el manómetro sin que tengamos bajada de presión es de 24 horas para tuberías metálicas. En tuberías plásticas, el proceso para alcanzar la presión de prueba varía, ya que se realizan varias

subidas y bajadas de presión para asumir el proceso de dilatación de la tubería. Una vez alcanzado el valor de prueba, debemos esperar 90 minutos. En caso de no detectar bajada de la marca de presión en el manómetro, la instalación no tendrá fugas y podemos proceder a la puesta en marcha de la instalación.

TOMA NOTA

La presión de prueba Pb para instalaciones de agua será de una vez y media la presión de trabajo para circuitos cerrados de calefacción con un mínimo de 6 bar. Para circuitos de ACS, la presión de prueba Pb será el doble de la presión de trabajo y como mínimo 6 bar.

El equipo necesario para someter la instalación a la presión de prueba y mantenerlo el tiempo adecuado dependerá del volumen de agua que alberga la instalación. Para instalaciones convencionales puede usarse una bomba manual como la de la figura 7.1.

Figura 7.1
Bomba manual de presión.
(*Fuente*: Rems).

Actividad propuesta 7.2

Una instalación de calefacción de una vivienda trabaja con una válvula de seguridad tarada a 3 bares instalada en la caldera. Determina la presión de prueba para la instalación de calefacción.

En instalaciones de agua donde tengamos un generador de calor, es necesario comprobar el comportamiento de las tuberías cuando están sometidas a temperatura. Para ello se fuerza la temperatura de la instalación hasta la temperatura máxima de los sistemas de seguridad, puenteando los sistemas de regulación de temperatura. Una vez alcanzada la temperatura máxima, se comprueba la ausencia de deformaciones en las tuberías, verificando el buen funcionamiento del sistema de expansión.

Además de en las redes de tuberías de fluido caloportador, es necesario comprobar la estanqueidad de las chimeneas de evacuación de los productos de la combustión. Debemos garantizar la estanqueidad para evitar la salida de humos a las dependencias, de acuerdo a las especificaciones de ensayo del fabricante.

7.2.3. Comprobación y ajustes del generador de calor

Antes de la puesta en marcha de la instalación, es necesario comprobar la adecuación de la potencia de generación a las necesidades de la instalación. Para ello es necesario comprobar el calibre de los inyectores, su número y presión de combustible, de modo que se compare el valor de potencia obtenido con la potencia de cálculo.

RECUERDA

✓ El caudal de combustible en un equipo de producción de calor está directamente relacionado con la potencia del equipo, mediante la fórmula:

$$P = C \times PCI$$

P = Potencia [kW]
C = Caudal de combustible [kg/h]
PCI = Poder calorífico inferior [kWh/kg]

En la puesta en marcha posterior, será necesario el ajuste de la combustión del equipo, como veremos en los apartados correspondientes del presente capítulo.

En las calderas de condensación, es necesario el llenado del sifón de condensados previo a la primera puesta en marcha del equipo. Para ello se utiliza agua de red y se puede realizar directamente desde la bandeja de recogida o por el conducto de salida de humos, tal y como puede verse en la figura 7.2. Para estas operaciones es necesario seguir siempre las indicaciones del fabricante.

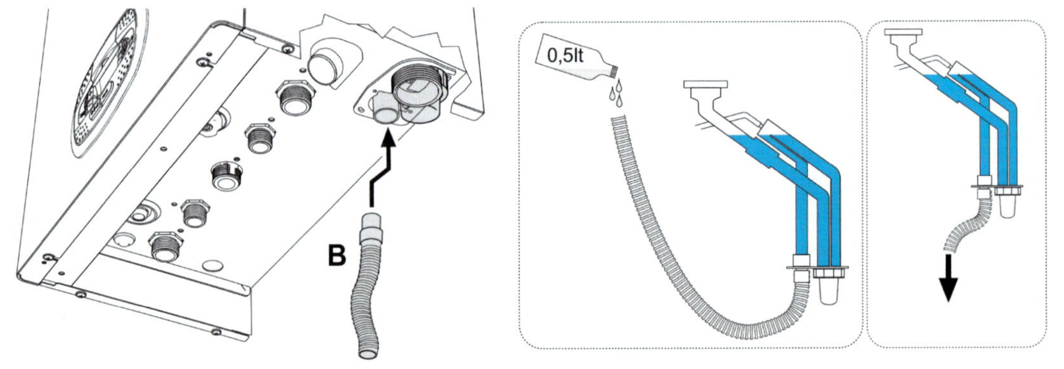

Figura 7.2
Llenado de circuito condensado en caldera mural.
(*Fuente*: Ferroli).

7.3. Puesta en marcha de equipos e instalaciones

Una vez descritas las comprobaciones previas a la puesta en marcha, procederemos en los siguientes apartados a introducir las nociones básicas para la puesta en marcha de los elementos principales de las instalaciones caloríficas convencionales. Para ello analizaremos cada elemento de forma individual. No tiene por qué ser el orden de puesta en marcha el orden en el que aparecen citados en el presente apartado, siendo lo ideal que el encargado de la realización diseñe un plan para la puesta en marcha de la instalación, en el que se recoja el procedimiento y los valores esperados de registros en cada uno de los equipos.

FUNDAMENTAL

Es importante, antes de proceder a la puesta en marcha de cualquier equipo, leer detenidamente las indicaciones que para ello realiza el fabricante en el manual de instalación y puesta en servicio.

7.3.1. Puesta en marcha de grupos de bombeo

En instalaciones de calefacción por agua, el tipo de bomba más utilizado es el de rotor húmedo. Las comprobaciones básicas sobre estos equipos son:

- Posición de montaje. Estos equipos pueden montarse tanto en pared como en suelo. La posición del eje del motor es fundamental para el correcto funcionamiento de equipos, de modo que la posición de montaje favorezca el apoyo del eje del motor en ambos rodamientos.
- Curva de características. Es necesario disponer de la curva de característica, de modo que podamos determinar el punto de trabajo.
- Necesidades de conexiones con elementos antivibratorios.
- Posición de válvulas antirretorno. En caso de necesidad de su instalación, es conveniente hacerlo en la impulsión.
- Tomas de medida de presión en aspiración e impulsión. Con estos valores podremos tener el punto de trabajo de la bomba.
- Conexiones eléctricas. Es necesario comprobar el estado de las conexiones eléctricas antes de la puesta en servicio. Deberemos comprobar intensidad y potencia consumida en el punto de funcionamiento.
- Sentido de giro. En motores con alimentación trifásica, es necesario comprobar el sentido de giro del motor para que el sentido de circulación del fluido sea el adecuado.

Una vez realizadas las comprobaciones anteriores, podemos iniciar el arranque del equipo. En instalaciones de cierta envergadura, es conveniente comprobar la alineación del eje motor-bomba para evitar fallos por vibraciones. Con el equipo en funcionamiento se procede a determinar el punto de trabajo, para lo cual debemos medir diferencia de presiones entre aspiración e impulsión en la bomba y caudal. La medición del caudal puede hacerse con caudalímetros en línea, o si no se dispone de ellos mediante caudalímetros de ultrasonidos. También es posible determinarlo mediante la curva característica de la bomba. Un ejemplo de curva característica puede verse en la figura 7.3.

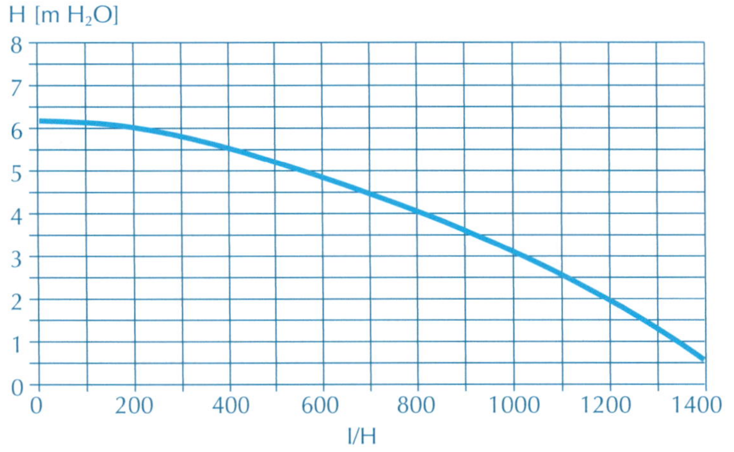

Figura 7.3
Curva característica tipo de circulador de caldera mural.

Actividad propuesta 7.3

Sobre la curva característica de la bomba de la figura 7.3, para una instalación de calefacción, determina el caudal que está dando si conocemos que la presión en la aspiración es de 1,1 bar y la de impulsión 1,5 bar.

7.3.2. Puesta en marcha de equipos de generación de calor

Lo ideal en este tipo de equipos es que sea el servicio técnico del fabricante el que realiza la primera puesta en servicio del equipo. Todo ello se realiza una vez el equipo se encuentra instalado completamente por el instalador. Los trabajos a tener en cuenta previos a la primera puesta en servicio del equipo son:

- Presencia y estanqueidad en el circuito de combustible.
- Llenado y purgado del circuito de agua.
- Comprobación de la conexión eléctrica de la caldera.
- Comprobación de los elementos de seguridad de la instalación, válvulas de seguridad, purgadores, vasos de expansión, etc.
- Comprobar la buena ubicación de la caldera con respecto a los materiales existentes en el local de la instalación.

Una vez realizadas estas comprobaciones se puede proceder al suministro de combustible a la caldera. El arranque de la caldera se realizará prioritariamente en el circuito de calefacción, forzando el encendido manual en el cuadro de control, para posteriormente realizar el mismo proceso para el ACS. Una vez encendidos los elementos mecánicos, se procede a la regulación del control de la instalación.

7.3.3. Puesta en marcha de equipos emisores

Se engloba en este apartado la puesta en marcha de los equipos emisores que podemos instalar en instalaciones de calefacción por agua. Como norma general se procederá al purgado de todos los elementos emisores presentes en la instalación. La tendencia es instalar cada vez más purgadores automáticos en los equipos, aunque podemos encontrarnos con instalaciones donde se mantengan los purgadores manuales. Sobre los elementos emisores debemos realizar las siguientes comprobaciones:

- Presencia de aire. Como se ha dicho anteriormente, es necesario comprobar la ausencia de aire en todas las instalaciones de calefacción por agua.
- Temperaturas de impulsión y salto térmico. En necesario determinar que al emisor llegue el agua procedente de caldera a la temperatura de consigna. Para que el equipo emisor entregue la potencia de cálculo, es necesario que tanto la temperatura de entrada como el salto térmico se encuentren sobre los valores de diseño. Para determinar la temperatura del fluido en el equipo emisor, podemos utilizar termómetros de contacto o de infrarrojos.
- Caudal de diseño. Para que se produzca la entrega de la potencia de cálculo en el elemento emisor, es necesario garantizar un caudal de fluido a través de este. Para asegurar el caudal de diseño debemos comprobar que la red se encuentra perfectamente equilibrada. Una red que no está equilibrada hace que por uno de los ramales no circule el caudal de diseño, por lo que los equipos emisores conectados a ese ramal no calientan lo suficiente.

RECUERDA

✓ El equilibrado de las instalaciones de radiadores se realiza mediante el detentor que se instala en cada radiador. Puedes volver a leer la parte correspondiente al equilibrado hidráulico de circuitos en el capítulo 5.

En instalaciones complejas, el equilibrado de la red es también complejo y deben emplearse ayudas informáticas:

- Velocidad de diseño. La velocidad de circulación excesiva en el equipo emisor, al igual que la presencia de aire, puede producir ruidos incómodos para el usuario.
- Caudal de aire. En equipos Fan Coil, es necesario comprobar el caudal y presión de aire disponible en conductos.
- Emisión sonora. El nivel de emisión sonoro es conveniente comprobarlo cuando se realiza la puesta en marcha del equipo si el equipo dispone de partes rotativas, como por ejemplo los ventiladores en Fan Coil o en radiadores de baja temperatura.

Aunque en este apartado se han descrito las operaciones generales a tener en cuenta en la puesta en marcha de los principales equipos de producción de calor, será necesario la consulta del manual de instrucciones del fabricante para realizar las operaciones con mayor detalle.

7.3.4. Equilibrado hidráulico de las redes de distribución de fluido caloportador

El equilibrado es una parte muy importante de la puesta en marcha de la instalación. Será necesario reflejar este procedimiento en el informe correspondiente, de modo que se disponga de información suficiente para el mantenimiento y posibles variaciones del sistema. Como se ha explicado en los temas de diseño de circuitos de fluidos, el equilibrado puede hacerse por alguno de los siguientes métodos: en función de la complejidad de la instalación y de las condiciones de diseño y uso de esta.

- Equilibrado con medida de caudal y válvula de equilibrado manual. Una vez que se regula el caudal en un ramal, esto tiene repercusión sobre el resto de ramales, por lo que es necesario determinar el impacto sobre los otros ramales mediante el método iterativo, método proporcional, de compensación o mediante métodos asistidos por ordenador.
- Equilibrado con medida de caudal y válvulas de equilibrado automáticas. Se fundamenta en la instalación de controles de presión diferencial o limitadores de caudal.

TOMA NOTA

Para saber más sobre el funcionamiento y las condiciones de instalación de las válvulas de regulación automática, puedes ver el siguiente vídeo:

- Regulación mediante balance de temperaturas. En instalaciones relativamente pequeñas con un número limitado de emisores, se emplea este último método, dado que no merece la pena la instalación de válvulas de equilibrado y que se permiten variaciones con respecto al caudal de diseño superiores a +/–20 %.

7.4. Análisis de la combustión en calderas

Una vez puesto en servicio el equipo de producción de calor, es necesario garantizar que se está produciendo una adecuada combustión. Para poder analizar los parámetros de la combustión es necesario conocer los factores que intervienen en la reacción química de oxidación del carbono.

RECUERDA

✓ Para que se produzca el fuego necesitamos combustible, comburente (aire con su proporción de oxígeno) y un foco de ignición. A partir de ese momento, si seguimos aportando combustible y comburente, tendremos una reacción en cadena. A continuación, se muestra el denominado triángulo del fuego:

7.4.1. Parámetros de la combustión

Lo que se pretende en la combustión del combustible es la oxidación del carbono presente en este y su transformación con dióxido de carbono CO_2, con el consiguiente desprendimiento de calor, propio de la reacción exotérmica. La reacción en la que se utiliza la cantidad justa de oxígeno para oxidar el carbono en vapor de agua se denomina *reacción estequiométrica*, y para el metano tiene la forma siguiente:

$$CH_4 + 2O_2 \rightarrow CO_2 + 2H_2O$$

Como puede verse, todo el carbono presente en el combustible se ha oxidado en forma de CO_2. Esta reacción es difícil de conseguir en la práctica, pudiéndose alcanzar en laboratorio en condiciones controladas.

TOMA NOTA

La reacción química estequiométrica de cualquier combustible la podemos expresar mediante la fórmula siguiente:

$$C_xH_y + \left(x + \frac{y}{4}\right) \cdot O_2 \rightarrow xCO_2 + \left(\frac{y}{2}\right) \cdot H_2O$$

De este modo podemos tener la reacción estequiométrica de los gases utilizados actualmente en calderas para combustión: metano, butano y propano.

En el caso de aportar menor cantidad de O_2 de la necesaria a la reacción, tendremos lo que se denomina *reacción incompleta*, que, como puede verse a continuación, nos produce CO, con el consiguiente peligro por su toxicidad.

$$O_2 + N_2 + C_xH_y \rightarrow CO_2 + CO + O_2 + N_2 + H_2O + Calor\ (Q)$$

La cantidad de calor que genera la reacción incompleta es menor que la reacción estequiométrica.

FUNDAMENTAL

El monóxido de carbono se combina con la sangre a través de los pulmones mucho más fácilmente que el oxígeno. La exposición al monóxido de carbono aun por un periodo breve, produce daños irreparables: unas pocas partículas alteran el funcionamiento del sistema nervioso y provoca desde cambios de humor y cefaleas permanentes hasta lesiones neurológicas. Una persona expuesta a un ambiente contaminado con apenas 600 partes por millón de monóxido de carbono en tres horas puede fallecer. Los efectos sobre la salud dependen de la concentración y tiempo de exposición. El monóxido de carbono en los seres humanos afecta el suministro de oxígeno en el torrente sanguíneo. Normalmente, los glóbulos rojos transportan el oxígeno por todo el cuerpo. Cuando hay monóxido de carbono, este atrae más a los glóbulos rojos que al oxígeno, lo que da lugar a la escasez de oxígeno en la sangre. El efecto a corto plazo es similar a la sensación de fatiga que se experimenta en altura o cuando se padece de anemia. La exposición al monóxido de carbono puede exacerbar las enfermedades del corazón y del pulmón.

En la práctica, para conseguir la oxidación completa de todo el carbono se trabaja con exceso de aire, para asegurarnos de que en la combustión no se produce monóxido de carbono CO, que es el componente más peligroso que podemos encontrarnos en una combustión. En este caso, al trabajar con exceso de oxígeno, tendremos una parte de O_2 sin oxidar como producto de la reacción, de modo que tendríamos:

$$O_2 + N_2 + C_xH_y \rightarrow CO_2 + O_2 + N_2 + H_2O + Calor\ (Q)$$

Como puede verse, tenemos oxígeno sobrante de la reacción. Esto, como veremos más adelante, hace perder rendimiento a la combustión, pero nos permite asegurarnos de que no tendremos CO. A esta reacción se la denomina *reacción completa con exceso de aire*. Esta reacción aporta la misma cantidad de calor que la reacción estequiométrica, pero la temperatura es menor. En estas reacciones, el índice de exceso de aire (λ) determina la cantidad de aire de exceso que estamos empleando. Su definición es la relación entre el aire empleado en la reacción y el aire estrictamente necesario para la combustión o aire estequiométrico. De este modo:

$$\lambda = \frac{Aire\ empleado\ realmente}{Aire\ extrictamente\ necesario}$$

Así tendremos:

$\lambda = 1$: reacción estequiométrica.
$\lambda < 1$: reacción incompleta con defecto de aire. Producción de CO.
$\lambda > 1$: reacción completa con exceso de aire.

Los valores de regulación de las combustiones se encuentran entre $\lambda = 1{,}5$ y 3.

7.4.2. Productos de la combustión

En este apartado, analizaremos de forma individual los productos de la combustión que podremos tener en la reacción de cualquier caldera. Hay que precisar que los valores dados de efectos sobre el organismo son en caso de respiración. Los valores dados para análisis de la combustión son valores obtenidos en el conducto de salida de humos, no en el local o sala de calderas.

- Dióxido de carbono (CO_2). Es un gas incoloro e inodoro, pero tiene un ligero sabor agrio y un peso mayor que el del aire. Se trata de un gas de efecto invernadero. Los efectos sobre la salud humana se encuentran a partir del límite de exposición de 5.000 ppm. No es un gas tóxico, pero su efecto se produce por desplazamiento del oxígeno. Con concentraciones a partir de 150.000 ppm se producen efectos inmediatos de pérdida de conciencia por falta de oxígeno. Su porcentaje normal en los análisis de la combustión suele estar entre 12 y 14 % en calderas de combustibles líquidos y entre el 8 y 12 % en calderas de gas.

- Agua (H_2O). Es el otro producto principal en la combustión. Su estado en los humos puede ser gaseoso en calderas convencionales con temperatura de salida de humos alta, o en estado líquido como condensado en calderas de condensación, en las que la temperatura de humos es baja.
- Nitrógeno (N_2). Es el principal componente del comburente (79 %). Es un gas incoloro, inodoro y sin sabor. En principio no interviene en la combustión, salvo cuando se produce su oxidación en forma de NO_x. Los valores típicos de N_2 en los análisis de la combustión están en torno al 78 %.
- Oxigeno (O_2). Es el otro componente (21 %) del aire de aporte o comburente. Se aporta en exceso para conseguir la completa combustión del carbono. Su salida en exceso en los humos de la caldera se relaciona con la pérdida de rendimiento de esta, de modo que la presencia en los humos de una cantidad elevada de este gas nos indica un bajo rendimiento. Sus valores orientativos en los análisis de la combustión están entre el 2 y 6 %.

Además de estos elementos principales, tenemos otros elementos que se pueden producir en diferentes circunstancias en el equipo de combustión y que debemos evitar.

- Óxidos de nitrógeno (NO_x). Dado que en el comburente se introduce nitrógeno y existe oxígeno libre, la combinación de estos elementos puede producir diferentes combinaciones entre ellos (NO y NO_2). Para impedir la formación de estos óxidos, en el diseño de los equipos se evita la permanencia de los humos en la cámara de combustión a altas temperaturas durante mucho tiempo, de modo que se evita la combinación de los elementos que lo forman y que están presentes en los humos.

RECUERDA

✓ El componente principal del aire ambiente es nitrógeno (N_2). Este nitrógeno se oxida formando compuestos de monóxido de nitrógeno (NO) y dióxido de nitrógeno (NO_2). La suma de las cantidades de estos compuestos que emite una caldera se denominan NO_X y son gases contaminantes y presentan afecciones sobre la salud humana (inflamación de las vías aéreas, afecciones de órganos, como hígado o bazo, o de sistemas, como el sistema circulatorio o el inmunitario, que propician a su vez infecciones pulmonares e insuficiencias respiratorias) y sobre el medioambiente (acidificación y eutrofización de ecosistemas, afecciones metabólicas, limitación del crecimiento vegetal, etc.).

✓ Existe una clasificación de las calderas en función de la cantidad de NO_X que emiten, que se recoge en las normas UNE EN 483 y la UNE EN 297 A5. Esta clasificación va desde la clase 1, que emite menos de 260 mg de NO_X por cada kWh producido, hasta la clase 5, que emite menos de 70 mg de NO_X por cada kWh producido.

✓ Las únicas calderas cuya instalación se permite a raíz de la última modificación del RITE son las calderas de clase 5.

- Óxidos de azufre (SO_x). El azufre (S) presente el combustible se oxida con el oxígeno formando en una primera oxidación SO_2, y posteriormente una segunda fase de oxidación en forma de SO_3. El principal problema de los óxidos de azufre es que, a altas temperaturas en los productos de la combustión, reaccionan con el vapor de agua formando ácido sulfúrico. Esta reacción hace que, en caso de emitirse a la atmósfera, pueda producirse la denominada *lluvia ácida*. La condensación de los productos de la combustión con presencia de ácido dañaría rápidamente los componentes de la caldera. El azufre se encuentra presente principalmente en combustibles sólidos y líquidos, con menos presencia en combustibles gaseosos.

Fruto de las reacciones incompletas se encuentran los inquemados. Los inquemados pueden ser sólidos como el hollín, o inquemados gaseosos como el temido CO.

- Hollín. Son principalmente partículas de carbono (C) del combustible, las cuales no han sido capaces de encontrar sus oxígenos para la reacción de oxidación. La producción de hollines en calderas se produce principalmente por un mal funcionamiento del quemador o por una mala regulación de aire encontrándonos defecto de aire. La presencia de hollines en la combustión hace que estos se depositen en los conductos de humos, interfiriendo negativamente en la transferencia de calor y por tanto en el rendimiento. La limpieza de hollines es necesaria frecuentemente en las calderas de combustibles sólidos y líquidos. El proceso de limpieza puede verse en la figura 7.4.

Figura 7.4
Limpieza de una caldera de pie de gasoil.

- Monóxido de carbono (CO). La presencia de monóxido de carbono es síntoma de reacción incompleta. Esta reacción incompleta puede producirse por una mala regulación del quemador que provoca la falta de aire o la falta de mezcla entre el combustible y el aire.

Dada la importancia de la presencia de CO en los gases de combustión, a continuación, se trata con más detalle los valores límite en análisis de humos y ambiente. El efecto del CO sobre la salud humana ya se ha descrito anteriormente en este capítulo, por lo que nos centraremos en determinar los valores máximos permitidos en el análisis de la combustión para que estos efectos no lleguen a producirse.

FUNDAMENTAL

Los contaminantes en los gases de combustión se miden por la concentración del contaminante en los humos. En análisis de la combustión podemos expresar esta concentración en partes por millón (ppm). Es una forma de expresar parecida al porcentaje. Al igual que 10 % equivale a decir 10 partes de cada 100, tenemos que 50 ppm significa que, de cada millón de partes de los humos para este caso, 50 serían del componente en análisis. También se suelen expresar las concentraciones en volumen, de modo que:

100.000 ppm = 10 %
10.000 ppm = 1 %
1.000 ppm = 0,1 %

Así hasta 1 ppm = 0,00001 %. Estas son las formas en que los aparatos de medida pueden darnos las concentraciones. Hay otras formas de expresar las concentraciones, pero no se utilizan en análisis de la combustión, como por ejemplo en mg/Nm^3 (miligramos por metro cúbico).

En el caso del CO, tememos varias mediciones:

- Valores de CO ambiente. Es el valor que se mide en la sala donde se encuentra ubicada la caldera. Se trata de un valor límite de seguridad para que las personas no respiren aire con presencia elevada de este contaminante. El calor límite de esta medida es 15 ppm. En caso de concentraciones superiores, debemos asegurarnos de la estanqueidad de los conductos de humos y de la inexistencia de revocos. La medida debemos hacerla entre 1 y 1,8 m sobre el nivel del suelo.
- Valores de CO en humos. Es el valor que se mide en el conducto de salida de humos. En el conducto de salida de humos se introduce la sonda del analizador en un orificio dispuesto en el conducto a tal efecto.
- Valores de CO corregido (CO_{corr}) o no diluido en humos. Dado que, como se ha dicho anteriormente, en la combustión se introduce un exceso de aire ($\lambda > 1$) para disminuir la presencia de inquemados, la medida de CO en los humos se suele referenciar a la cantidad de CO para $\lambda = 1$. Este valor corregido para $\lambda = 1$, es el valor comparable que hay que limitar y en el que no se tiene en cuenta el efecto de dilución del CO en el aire de exceso. Los analizadores miden los valores de CO y $CO_{corr,}$ debiendo estar los valores de CO_{corr} entre 80 y 150 ppm como valores típicos en la combustión. El valor límite para el CO_{corr} es de 200 ppm.

Otros parámetros que debemos tener en cuenta en el análisis de la combustión son:

- Temperatura ambiente. Se mide con el analizador de combustión durante el proceso de puesta a régimen de la caldera. Es importante conocer este dato para determinar las pérdidas y el rendimiento de la caldera por el analizador.
- Temperatura de humos. Una vez se está realizando el análisis de la combustión, el equipo analizador entrega el valor de la temperatura de humos. Este depende del tipo de

caldera y puede estar comprendida entre los 50 °C en calderas de condensación hasta los 200 °C en calderas convencionales.

- Tiro. Es la depresión existente en el punto de medida del conducto de salida de humos. Se mide en mbar o mm.c.a., y es necesario que esté en valor negativo.
- Factor de exceso de aire (λ). Como se ha dicho anteriormente, para aseguramos de que la combustión no presenta inquemados, lo habitual es trabajar con un exceso de aire sobre el aire estequiométrico. Estos valores suelen estar comprendidos entre 1,5 y 3.
- Pérdidas por humos (q_h). Se trata del valor de las pérdidas de rendimiento de la caldera por humos. El valor se suele dar en % y toma valores variables dependiendo de la eficiencia de la caldera. Un valor típico para calderas convencionales estará entre 3 y 7 %. Además de las pérdidas por humos, en la caldera tenemos otras pérdidas, como las pérdidas por radiación (q_R) o las pérdidas por inquemados (q_i), todas dados en forma de porcentaje.
- Rendimiento (η). Es el valor del rendimiento de la caldera tomando en cuenta las pérdidas. El rendimiento es:

$$\eta = 100\ \% - q_h - q_i - q_R$$

Cuando se regula una caldera en la puesta en marcha o en la revisión periódica, debemos comprobar que todos los parámetros de la combustión reseñados en los puntos anteriores se encuentran dentro de los valores normales. Dentro del rango en el que podemos situarnos en cada uno de los valores, debemos tener un objetivo general que nos conduzca a la regulación óptima en cada caso. De este modo, los parámetros prioritarios que debemos ajustar son el CO y el máximo rendimiento. Una vez ajustados estos parámetros principales, debemos comprobar que el resto de parámetros se encuentran en valores normales, dando por concluido el análisis.

Una vez la caldera dispone de la boquilla adecuada y la presión de combustible correcta para suministrar la potencia requerida, el único parámetro que podemos ajustar en la puesta en marcha es el caudal de aire necesario para la combustión. Este proceso de ajuste de aire se realiza con la caldera a plena potencia sin los dispositivos de regulación o modulación de potencia.

La reacción química de oxidación real que nos encontraremos cuando regulamos un quemador es la siguiente:

$$O_2 + N_2 + C_xH_y \rightarrow CO_2 + CO + O_2 + N_2 + H_2O + Calor\ (Q)$$

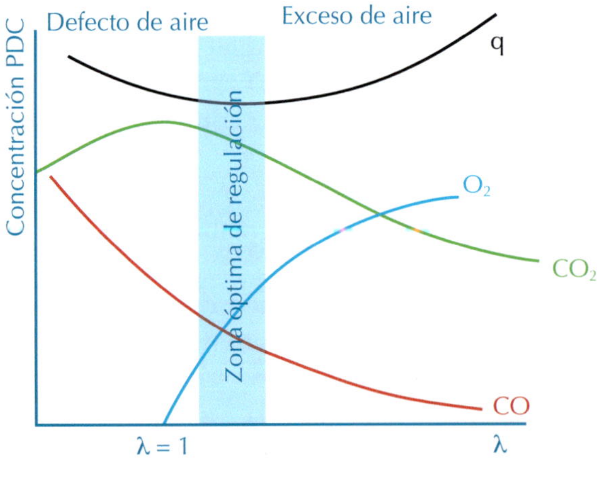

Figura 7.5
Gráfica de la evolución de los productos de la combustión.

Cuando se analizan los gases, vemos cómo va evolucionando en continuo la medición según se va variando la cantidad de aire introducida. La variación de los porcentajes y la curva de evolución de cada uno de los productos de la combustión conforme vamos modificando λ, puede verse en la figura 7.5

Con el analizador introducido en el conducto de extracción de humos procedemos a la regulación de aire hasta conseguir que los parámetros se sitúen dentro de los valores máximos o mínimos permitidos. Una vez conseguida la regulación del quemador, se procede a imprimir los resultados para dejar constancia de esta regulación. El resultado de una medición real puede verse en la figura 7.6, donde se ha analizado una caldera de gas natural.

El procedimiento de medición de los productos de la combustión empieza con la medición de temperatura ambiente y CO ambiente, para posteriormente introducir la sonda en el conducto y medir los PdC.

Chemist 402
N. serie: 2692

Fecha: 11/03/13
Hora : 18.33

Comb.: Gas natural
Altitud: 0 m
H.R. aire: 50 %

VALORES MEDIDOS

T humos	100.1 °C
T aire	19.9 °C
O_2	10.6 %
CO	138 PPM
CO amb	21 PPM

VALORES CALCULADOS

CO_2	5.8 %
λ.n	2.02
Qs	5.9 %
ηs	94.1 %
ηc	0.0 %
ηt	94.1 %
T dif	80.2 °C
Ref. O_2	0.0 %
CO	280 PPM

Nota: ____________

Figura 7.6
Resultado de análisis de la combustión.

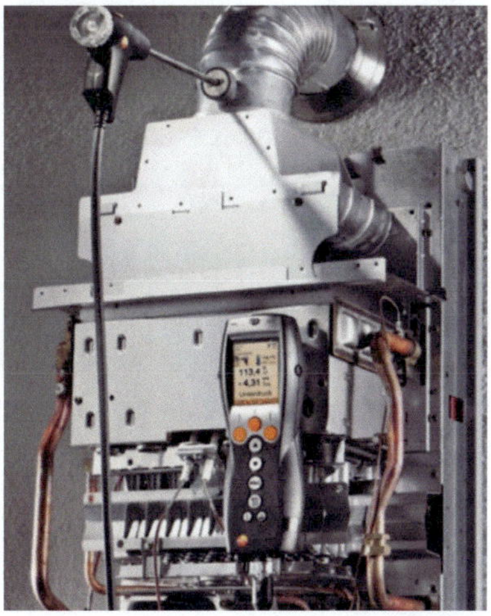

Figura 7.7
Procedimiento de análisis de la combustión.
(*Fuente*: Testo).

Para realizar la medición es conveniente tener en cuenta las siguientes consideraciones:

- Poner el aparato de producción a plena carga, al menos durante 2 a 5 minutos.
- Evitar que en aparatos modulantes se produzca esta bajada de potencia.
- Si la potencia máxima está prevista para ACS en calderas mixtas, realizar el análisis para la máxima potencia en producción de ACS.
- Realizar la toma de muestras por conducto, en el dispositivo previsto para esta operación.
- En conductos concéntricos para calderas tipo C, comprobar que la medición se realiza sobre el conducto de impulsión de PdC.
- Colocar la sonda en la parte central del conducto, graduando el tope para su correcta colocación.
- Dejar que los valores de CO se estabilicen. Una vez estabilizados (2-3 minutos), realizar los ajustes necesarios para conseguir una correcta combustión.
- Una vez ajustados los parámetros de combustión en la caldera, guardar e imprimir estos valores para dejar constancia de los datos del ajuste, tomando fecha y hora de la

medición. Los equipos suelen incluir una impresora para imprimir directamente el justificante de los valores de análisis, o imprimirla posteriormente en oficina.

- Apagado del aparato. Enfriamiento y evacuación de condensados.

7.5. Rendimiento en los equipos de producción de calor

En los equipos de producción de calor hay que tener en cuenta un dato muy importante, el rendimiento del equipo. Podemos tener varias definiciones de rendimiento para equipos de calor. En definitiva, el rendimiento es la cantidad de energía transmitida al fluido caloportador en relación con la energía consumida en la combustión.

SABÍAS QUE...

La potencia generada en la combustión es el producto del caudal de combustible (C) por el poder calorífico del combustible. De este modo, conociendo el poder calorífico del combustible y su gasto o caudal en el equipo, puede conocerse la potencia generada.

- La potencia útil (P) de un aparato de combustión es la máxima potencia a la que puede regularse según las especificaciones del fabricante. Se expresa en kW. El fabricante nos puede facilitar también la potencia máxima y la potencia mínima para aparatos con posibilidad de regulación de presión de gas y adaptación de potencia.
- Caudal térmico (Q). Es la potencia de la reacción del combustible.

$$Q = C \cdot PCI$$

- Gasto (C). Es el caudal de combustible consumido por el aparato en las condiciones de uso. Se expresa en kg/h o m^3/h.
- Rendimiento. Es la relación entre la potencia entregada al fluido y la consumida en la quema del combustible.

$$\eta = \frac{P}{Q} \cdot 100$$

La potencia útil ha descontado de la potencia o caudal temido la parte de pérdidas en la caldera. Estas pérdidas se producen por los humos, por transmisión de calor y radiación, y por las pérdidas consecuencia de una combustión mal regulada.

Actividad propuesta 7.4

Sobre la placa de características de una caldera tenemos los valores siguientes:

Potencia térmica nominal calefacción: P = 20 kW
Caudal térmico nominal calefacción: Q = 20,6 kW

Determina el rendimiento del equipo cuando trabaja en calefacción.

El rendimiento de la caldera lo podemos determinar de los siguientes modos:

- Analíticamente, como se ha expuesto en la actividad anterior, utilizando los datos de la ficha de características dados por el fabricante.
- Mediante los datos obtenidos del analizador de la combustión. En este caso se utilizan los valores de pérdidas de humos, despreciando los valores de otras pérdidas.
- De forma práctica, mediante medición en campo de los valores. En este caso debemos medir el calor recibido por un caudal másico de agua y el consumo de combustible. El primero se puede medir con un equipo como el de la figura 7.8, o con los nuevos caudalímetros de ultrasonidos para no interferir en la instalación. Con el dato de la temperatura de entrada de agua, tendremos la energía entregada al fluido caloportador.

Figura 7.8
Set de medición de caudal y temperatura.
(*Fuente*: Testo).

Resumen

- Una vez se concluye la ejecución de la instalación, es necesario someter esta a unas pruebas que nos asegure de su buen funcionamiento. El proceso de puesta en marcha podemos dividirlo en:
  - Pruebas previas a la puesta en marcha:
  - Llenado y purgado de la instalación.
  - Pruebas de estanqueidad y presión.
  - Pruebas de dilatación.
  - Puesta en marcha de equipos:
  - Equipos de producción de calor.
  - Equipos emisores.
  - Equipos de bombeo.
- Una vez realizadas las pruebas necesarias, debemos recoger los resultados en los formularios preparados para tal efecto, de modo que se puedan adjuntar a la documentación técnica y legal de la instalación, bien para la legalización o puesta en marcha administrativa de la instalación, bien para adjuntar a la documentación a entregar al cliente para el mantenimiento posterior.
- Un punto importante de la puesta en marcha de los equipos de producción de calor es el análisis de la combustión. Este punto se realiza con aparato de medición específico y es importante conocer los parámetros que intervienen, de modo que podamos actuar sobre la regulación de sus factores y conseguir una combustión adecuada con un rendimiento y una seguridad óptimos. Para ello el analizador nos entrega los valores de productos de la combustión, factor de aire, rendimiento, tiro y temperaturas de humos y ambiente, con lo que podemos determinar si el equipo se encuentra en condiciones adecuadas de funcionamiento.

- Con el equipo puesto en marcha, debemos comprobar que el rendimiento sigue en los valores dados por el fabricante en las especificaciones técnicas del equipo. Existen varios métodos para comprobar el rendimiento. En campo podemos utilizar el método analítico o el método directo, en el cual debemos determinar el caudal y diferencia de temperaturas en el agua, y el tipo y el caudal de combustible.

Ejercicios propuestos

1. Realiza un formulario donde se recojan los datos a tener en cuenta en la puesta en marcha de un grupo de bombeo.
2. Sobre la ficha de características de la caldera Platinium de Baxi, determina los valores de: potencia de calefacción y de ACS, consumo de combustible, potencia térmica y rendimiento para cada uno de los gases con los que esta caldera puede trabajar.
3. Se conoce que una caldera de gas natural tiene una potencia en calefacción de 24 kW. El rendimiento es del 98 %. Determina el caudal máximo de agua que puede suministrar a la instalación si se prevé un salto térmico de 20 °C.
4. Con los datos obtenidos del análisis de la combustión de una caldera que se presenta a continuación, determina las actuaciones que harías sobre el quemador mecánico para regular la combustión.

O_2	2,2 %
CO	595 ppm
CO_{corr}	659 ppm
λ	1,11
CO_2	10,52 %

5. Determina los ajustes en el quemador anterior si una vez regulado se obtienen los valores siguientes:

O_2	16,1 %
CO	38 ppm
CO_{corr}	161 ppm
λ	4,21
CO_2	2,78 %
Pérdidas en humos	16 %
Rendimiento	84 %

Práctica

Análisis de la combustión en calderas.	
Objetivo	Analizar los factores que intervienen en la combustión en equipos de producción de calor.
Material	Caldera de gas o combustibles líquidos instalada. Analizador de gases de la combustión.
Procedimiento	– Sobre una caldera instalada se pondrá a régimen. – Una vez a régimen, se procede a introducir la sonda en el conducto de evacuación de humos. – Copia los valores que el aparato entrega sobre la gráfica graduada de la figura 7.5. – Analiza los efectos que tiene sobre la concentración de cada uno de los gases la variación del factor λ. – Modifica cuantas veces se necesite hasta conseguir suficientes puntos para trazar las curvas de cada gas.

Actividades de autoevaluación

1. Antes de la puesta en marcha de la instalación es necesario:
   - ☐ *a)* Llenado, limpieza con detergentes y purgado de la instalación.
   - ☐ *b)* Llamado de la instalación y purgado completo.
   - ☐ *c)* Antes del llenado siempre es imprescindible limpieza con detergentes para evitar daños posteriores.

2. La prueba de presión se realiza:
   - ☐ *a)* Antes de la prueba de estanqueidad.
   - ☐ *b)* Si se realiza la prueba de estanqueidad, no es necesaria.
   - ☐ *c)* Una vez terminada o junto con la prueba de estanqueidad.

3. Una instalación estará trabajando normalmente a 3 bar como presión máxima. La prueba de presión se realizará a:
   - ☐ *a)* 3,5 bar.
   - ☐ *b)* 4,5 bar.
   - ☐ *c)* 6 bar.

4. El caudal de combustible de una caldera de 25 kW que trabaja con gasoil es de:
   - ☐ *a)* Aproximadamente de 4,23 kg/h, dependiendo de la presión de inyección.
   - ☐ *b)* Aproximadamente de 4,23 kg/h, dependiendo del caudal de aire en el quemador.
   - ☐ *c)* Ambas respuestas son correctas pues el caudal de combustible depende del caudal de aire.

5. Teniendo en cuenta la curva característica de una bomba, cuando aumentamos la pérdida de carga total en la instalación...
   - ☐ *a)* ... el caudal aumenta.
   - ☐ *b)* ... el caudal disminuye.
   - ☐ *c)* ... el caudal no se afecta por la pérdida de presión de la instalación.

6. Con los datos obtenidos de un análisis de la combustión, tenemos que el porcentaje de O_2 libre es elevado. ¿Qué podemos esperar de las pérdidas en humos?
   - ☐ *a)* Las pérdidas en humos no se afectan por el O_2.
   - ☐ *b)* Que sean elevadas dado que calentamos aire que no participa en la combustión.
   - ☐ *c)* Las pérdidas serán bajas, puesto que conseguimos aumentar el rendimiento de la combustión.

7. El valor de CO máximo en la sala de calderas puede ser:
   - ☐ *a)* El valor de CO no importa para la seguridad de la sala.
   - ☐ *b)* Podemos tener hasta 200 ppm sin afectar a la salud humana.
   - ☐ *c)* En las salas de calderas o locales donde se produce la combustión no debemos tener más de 15 ppm, medidos entre 1 y 1,8 m del suelo.

8. El valor máximo de CO en humos es:
   - ☐ *a)* Menos de 200 ppm.
   - ☐ *b)* El valor de CO hay que corregirlo teniendo en cuenta el λ para obtener el CO_{corr}. Este valor debe estar por debajo de 200 ppm.
   - ☐ *c)* Menos de 500 ppm.

9. El tiro en la base de la chimenea debe ser:
   - ☐ *a)* Siempre positivo.
   - ☐ *b)* Siempre negativo.
   - ☐ *c)* No importa en los análisis de la combustión.

10. Para mejorar una combustión con gran cantidad de CO debemos:
    - ☐ *a)* Aumentar la cantidad de aire que introducimos en la combustión.
    - ☐ *b)* Aumentar el tiro.
    - ☐ *c)* Ambas cosas, para que el aire circule mejor.

SOLUCIONES:

1.	a	**b**	c	5.	a	b	**c**				
2.	a	b	**c**	6.	a	**b**	c	9.	a	**b**	c
3.	a	b	**c**	7.	a	b	**c**	10.	**a**	b	c
4.	**a**	b	c	8.	a	**b**	c				

8

Mantenimiento preventivo en instalaciones caloríficas

Objetivos

- ✓ Conocer los procedimientos de mantenimiento preventivo para producción de calor.
- ✓ Determinar las actividades a realizar en mantenimiento para cada equipo.
- ✓ Saber cuáles son las prescripciones reglamentarias en cuanto a actividades de protección higiénico-sanitarias de equipos e instalaciones.
- ✓ Determinar los factores que afectan al grado de conservación de las instalaciones.
- ✓ Analizar los datos administrativos a tener en cuenta en las operaciones de mantenimiento de instalaciones según el RITE.

Mapa conceptual

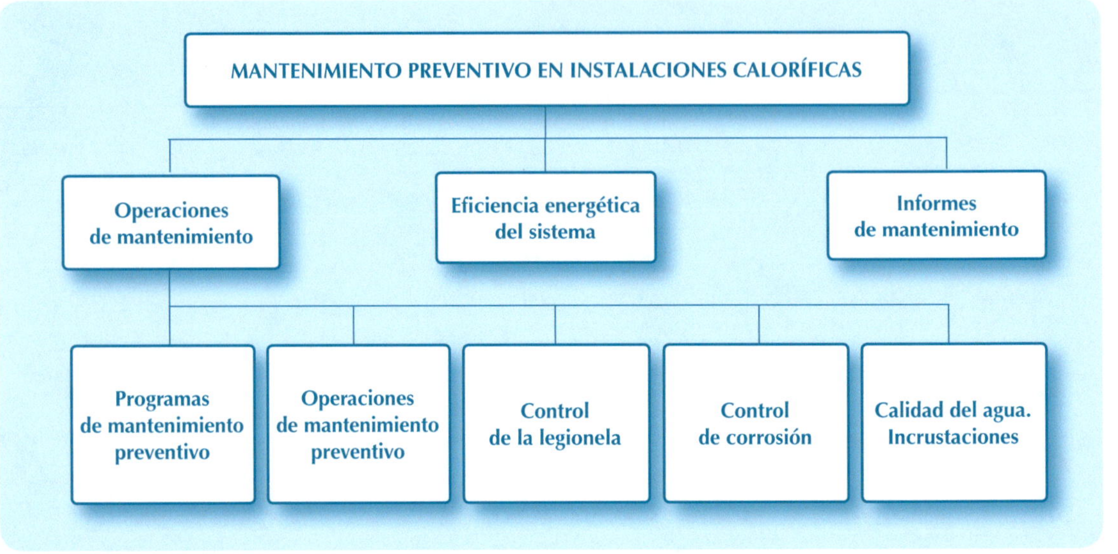

Glosario

Corrosión. Reacción de los elementos metálicos de las instalaciones que produce su descomposición. Es necesario prevenirla en las fases de diseño, montaje y mantenimiento.

Legionela. Bacteria que puebla las aguas estancadas y que puede causar enfermedades graves en los usuarios de instalaciones si no se combate convenientemente.

Mantenimiento preventivo. Parte del mantenimiento de las instalaciones que se encarga de actuar sobre equipos antes de que aparezca el fallo y en prevención de este.

Plan de mantenimiento. Planificación de tareas y actividades con su temporalización que planifica el programa de mantenimiento de instalaciones de cierta envergadura.

Potencial galvánico. Es un valor que mide el grado de nobleza del metal, que nos indica su tendencia a la corrosión cuando se combina con otro metal.

8.1. Introducción

El mantenimiento de las instalaciones es parte fundamental para su uso correcto. Es necesario disponer de un programa de mantenimiento en las instalaciones, el cual nos puede permitir el funcionamiento de estas de forma correcta y segura durante su vida útil. Dado que la instalación se ha puesto en marcha por parte de la empresa instaladora, desde ese momento el responsable del mantenimiento es el titular o usuario de las instalaciones. Una vez finalizada la puesta en marcha, junto con el resto de documentación, el instalador debe entregar al titular un manual de uso y mantenimiento de la instalación, que servirá de referencia para el mantenimiento de esta.

SABÍAS QUE...

El RITE, en su artículo 26, establece las condiciones de mantenimiento de las instalaciones térmicas. El mantenimiento de las instalaciones debe llevarse a cabo por una empresa habilitada, y dependiendo de la potencia de las instalaciones, deberá suscribirse un contrato de mantenimiento.

Las operaciones concretas de mantenimiento se establecen en la IT.3 del RITE. Estas operaciones deben complementarse con las instrucciones de mantenimiento que entrega el fabricante para cada uno de los equipos que componen la instalación.

FUNDAMENTAL

Todas las intervenciones de mantenimiento o reforma de la instalación se deben documentar y adjuntar a la documentación de la instalación. La anotación del registro de mantenimiento corresponde realizarlo a la empresa de mantenimiento que lo realiza, pero su registro y conservación corresponde al titular de la instalación.

Además de las operaciones de mantenimiento previstas en el RITE, es necesario comprobar que la instalación mantiene las condiciones de eficiencia energética planteadas en su diseño y operar estas instalaciones de seguridad. Para ello se contempla la necesidad de realizar y comprobar el programa de gestione el ámbito energético y de seguridad en el uso de las instalaciones.

Hay que distinguir entre operaciones de mantenimiento y de inspección. Como se ha dicho anteriormente, las operaciones de mantenimiento son responsabilidad del titular de la instalación y se llevan a cabo por empresas de mantenimiento contratadas por el titular para tal fin. Las inspecciones las realiza el órgano competente de la Administración, quien lo llevará a cabo con personal propio o por empresas colaboradoras OCA. Las inspecciones pueden ser iniciales, antes de la puesta en marcha de la instalación o periódicas.

8.2. Programa de mantenimiento preventivo en instalaciones

Las instalaciones térmicas deberán tener un programa de mantenimiento preventivo, donde se refleja las operaciones de mantenimiento a realizar en cada uno de los equipos que componen la instalación y la periodicidad de estos. Cuando existe manual de uso y mantenimiento, estas operaciones se recogen en dicho manual.

Recurso web WWW

Los organismos públicos con competencias en vivienda y seguridad industrial editan manuales tipo de uso y mantenimiento de instalaciones en edificios. Puedes descargarte un modelo en el siguiente código QR:

En instalaciones de cierta envergadura, el mantenimiento de las instalaciones se realiza con la ayuda de programas informáticos, donde se tienen inventariados todos los elementos que necesitan labores de mantenimiento y se recogen las actividades y periodicidad de cada uno de ellos. La toma de datos de cada uno de los equipos se suele realizar en campo con la ayuda de fichas como la de la figura 8.1, donde se recogen los datos fundamentales del equipo y su estado, de modo que se pueda incluir en un programa de mantenimiento.

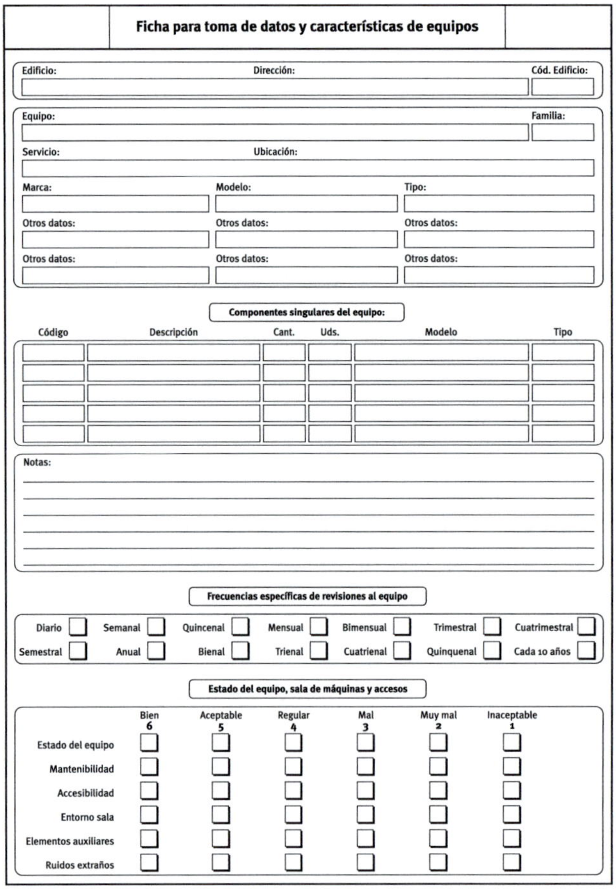

Ficha para toma de datos y características de equipos

Edificio: Dirección: Cód. Edificio:

Equipo: Familia:

Servicio: Ubicación:

Marca: Modelo: Tipo:

Otros datos: Otros datos: Otros datos:

Otros datos: Otros datos: Otros datos:

Componentes singulares del equipo:

Código	Descripción	Cant.	Uds.	Modelo	Tipo

Notas:

Frecuencias específicas de revisiones al equipo

Diario ☐ Semanal ☐ Quincenal ☐ Mensual ☐ Bimensual ☐ Trimestral ☐ Cuatrimestral ☐
Semestral ☐ Anual ☐ Bienal ☐ Trienal ☐ Cuatrienal ☐ Quinquenal ☐ Cada 10 años ☐

Estado del equipo, sala de máquinas y accesos

	Bien 6	Aceptable 5	Regular 4	Mal 3	Muy mal 2	Inaceptable 1
Estado del equipo	☐	☐	☐	☐	☐	☐
Mantenibilidad	☐	☐	☐	☐	☐	☐
Accesibilidad	☐	☐	☐	☐	☐	☐
Entorno sala	☐	☐	☐	☐	☐	☐
Elementos auxiliares	☐	☐	☐	☐	☐	☐
Ruidos extraños	☐	☐	☐	☐	☐	☐

Figura 8.1
Ficha tipo de recogida de datos de equipo.
(*Fuente*: IDAE).

Actividad propuesta 8.1

Lee detenidamente las prescripciones de uso y mantenimiento que se describen en la IT.3 del RITE. Realiza una tabla donde se recojan los trabajos básicos de mantenimiento y su periodicidad mínima, de acuerdo a lo establecido en la IT.3.

Los datos básicos que debemos tomar de un equipo a la hora de incluirlo en un plan de mantenimiento son:

- Identificación del equipo. Circuito, local, servicio al que se destina, etc.
- Características técnicas y especificaciones del fabricante.

- Componentes específicos.
- Actividades de mantenimiento necesarias y periodicidad.
- Estado general del equipo.

Con los datos obtenidos de cada uno de los equipos podemos plantear la realización de un plan de mantenimiento general para la instalación completa. La organización del plan de mantenimiento no se incluye en el presente libro, por considerar que son labores que caen fuera de las competencias de los titulados en este ciclo.

8.3. Operaciones de mantenimiento preventivo en equipos e instalaciones

El plan de mantenimiento determina para cada elemento de la instalación las labores necesarias a realizar en mantenimiento preventivo, así como la periodicidad. En un mismo equipo puede haber labores o actividades de mantenimiento que se realicen con diferentes periodicidades, por ejemplo, en una caldera podemos tener una revisión del vaso de expansión con periodicidad mensual y una revisión del quemador con una periodicidad semestral.

TOMA NOTA

Para realizar las labores de mantenimiento en los equipos, además de las instrucciones reglamentarias, es necesario conocer las labores que, dentro del manual de instrucciones del equipo, nos recomienda el fabricante. El fabricante es el que mejor conoce el equipo y determina los posibles fallos que pueden ocasionar la falta de mantenimiento. Por ello, es fundamental conocer estas especificaciones antes de proceder a realizar las labores de mantenimiento.

8.3.1. Mantenimiento básico de equipos e instalaciones

En el presente apartado nos centraremos en describir las labores de mantenimiento generales que necesitan los elementos básicos de las instalaciones de calefacción. Descompondremos las tareas de mantenimiento en las diferentes partes de la instalación, desde los equipos de producción de calor hasta los emisores, pasando por las redes de distribución de fluido caloportador.

PARA SABER MÁS

Si en el momento de la instalación se ha pensado en el futuro, las labores de mantenimiento pueden verse facilitadas. El buen instalador no solo piensa en el proceso de montaje, sino que también realiza este montaje desde el punto de vista del futuro mantenedor. Los accesos a equipos y las distancias mínimas entre equipos y otros elementos de la instalación o del edificio es fundamental tenerlos en cuenta a la hora de la instalación, dado que facilita en gran medida las labores de mantenimiento.

A) Equipos de producción de calor

Analizaremos en este apartado las calderas de combustibles líquidos y gaseosos. El resto de equipos de producción de calor con nuevas tecnologías no se incluye, dado que su diversidad llevaría a componer un texto demasiado extenso. Se deja en mano del lector la búsqueda de información y la relación de actividades a realizar sobre cada uno de los equipos.

Las labores principales de mantenimiento sobre las calderas varían considerablemente sin son equipos que trabajan con combustibles líquidos o con combustibles gaseosos. En calderas murales, las labores de mantenimiento pueden ser anuales y se centrarán en comprobar los siguientes aspectos:

- Comprobación de la alimentación de gas, estado de juntas.
- Comprobación de estanqueidad en circuito de agua.
- Comprobación de presión en el circuito de calefacción. Las calderas modernas disponen de presostato que bloquea la caldera en caso de que no se disponga la presión mínima para trabajo, en torno a 1 bar.
- Comprobación de la posición de los electrodos de encendido. Es necesario comprobar que los electrodos mantienen la posición relativa y con respecto al quemador, de modo que la formación del arco eléctrico incida sobre los quemadores y pueda iniciarse la combustión. Para ello el fabricante en su manual de instrucciones nos indica las medidas que debemos comprobar en el mantenimiento. Un ejemplo de estas medidas para una caldera mural puede verse en la figura 8.2.

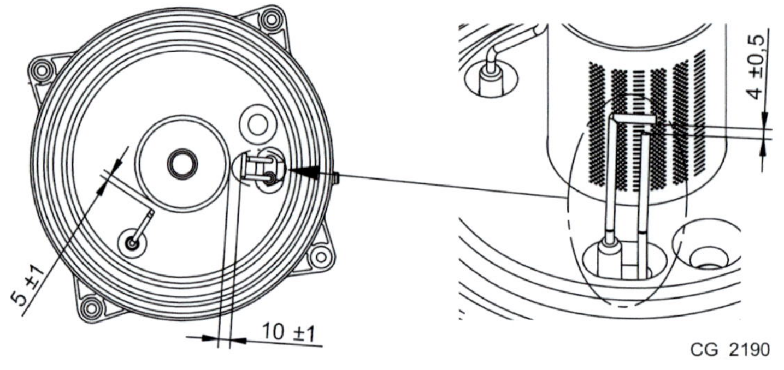

Figura 8.2
Posición de electrodos en caldera mural.
(*Fuente*: Baxi).

- Detector de llama. Además de la posición de los electrodos, el elemento detector de llama debe estar bien posicionado y orientado.
- Cámara de combustión. Es necesario comprobar el estado general y la presencia de impurezas.
- Verificación de la presión del vaso de expansión.

WWW

Recurso web

Las operaciones de verificación de presión del vaso de expansión pueden verse pinchando en este código QR:

- Comprobación del estado de funcionamiento del extractor de humos.
- Comprobación del estado del sifón de descarga de condensados en caso de caldera de condensación.
- Comprobación del grupo de bombeo. Funcionamiento y sentido de giro.
- Limpieza de filtro de agua. Las calderas murales suelen disponer de filtro a la entrada de agua. Es necesario limpiar la malla o sustituirla en caso de deterioro.
- Una vez realizadas todas las comprobaciones anteriores, se procede a realizar el análisis de la combustión, siempre con la periodicidad oportuna de acuerdo a la tipología, potencia y local de instalación de la caldera. El análisis de la combustión se realiza de acuerdo al procedimiento visto en el capítulo anterior.

Actividad propuesta 8.2

Descarga el manual de la caldera BLUEHELIX TECH de la marca Ferroli, e identifica sobre el manual las recomendaciones del fabricante para el mantenimiento preventivo del equipo.

B) Equipos emisores

Los equipos emisores de calor en instalaciones caloríficas suelen ser equipos estáticos, por lo que el mantenimiento se simplifica. El Fan Coil sí dispone de ventilador y componentes electrónicos, lo que hace que el mantenimiento tenga algún grado más de complejidad, dentro de la simpleza que, en general, conlleva el mantenimiento de estos equipos. Las actividades básicas para la revisión preventiva de los equipos emisores pueden ser:

- Revisar el estado de conservación general de equipo. Revisar soportes y uniones.
- Protección antioxidación exterior.
- Estanqueidad. Ausencia de picaduras en partes metálicas. Estado de las juntas y roscas de unión a la tubería.
- Purgado. Estado de los purgadores internos del equipo si dispone. Ausencia de aire en el interior del equipo.
- Revisión de partes móviles. Ventiladores. Presión y caudal de salida. Limpieza de filtros.
- Conexiones eléctricas. Revisión y apriete de borneros.

De forma específica, y teniendo en cuenta el manual de instalación y mantenimiento del fabricante, es necesario comprobar que las operaciones básicas descritas anteriormente son suficientes para el correcto mantenimiento del equipo.

C) Instalaciones

El mantenimiento de las instalaciones de calefacción depende en gran medida de la envergadura y complejidad de la instalación. En instalaciones domésticas convencionales, nos centraremos en realizar las comprobaciones siguientes:

- Estanqueidad del circuito de agua.
- Ausencia de aire en la instalación. Purgado
- Estado de los elementos de seguridad. Válvula de seguridad, purgadores, etc.
- Presión en la cámara de aire del vaso de expansión.
- Equilibrado hidráulico del circuito.
- Estado de los elementos de protección contra la corrosión.
- Limpieza de filtros de agua.
- Comprobar el estado del fluido caloportador.
- Revisión de temperaturas de almacenamiento en ACS.

Dado que el circuito de calefacción es un circuito cerrado, el fluido que circula por esta instalación se ve afectado por las continuas variaciones de presión y temperatura, así como por los diferentes materiales de construcción de los equipos que conforman la instalación. Es frecuente que el fluido contenga restos de material erosionado de los diferentes equipos, pudiendo contener restos de plásticos, elementos metálicos férricos y no férricos, incluso partes o restos de materiales utilizados en juntas y uniones. Es por ello que el fluido puede tener una composición diversa, y aunque una pequeña parte se puede ir renovando por las posibles pérdidas en la instalación, la mayor parte puede permanecer durante años. Para eliminar estas impurezas o desechos ferrosos es conveniente la instalación de desfangadores magnéticos como el de la figura 8.3. El desfangador dispone de filtro de malla y elemento magnético en su interior (figura 8.4), lo que proporciona un doble filtrado.

Figura 8.3
Desfangador magnético orientable.
(*Fuente*: Baxi).

Figura 8.4
Separador magnético.
(*Fuente*: Baxi).

8.3.2. Control de la legionela en instalaciones

El Real Decreto 865/2003 establece los criterios higiénico-sanitarios para el control y prevención de la legionela. La norma UNE 100030 ofrece una guía para la prevención y control de la proliferación y diseminación de la legionela en instalaciones.

SABÍAS QUE...

La legionela es una bacteria que normalmente se encuentra en aguas superficiales, como lagos, ríos y estanques. Es muy resistente y capaz de sobrevivir en condiciones variadas. Su temperatura ideal para reproducirse es entre 20 y 45 °C. Entre 35 y 37 °C, la reproducción es óptima. En los sistemas de distribución de agua puede encontrar condiciones óptimas de supervivencia y reproducción.

Las instalaciones donde podemos tener peligro de proliferación de la legionela son instalaciones de uso colectivo o industriales. Aunque en las instalaciones destinadas a viviendas no se aplica el RD 865/2003, es necesario contemplar las medidas de prevención de la proliferación de esta bacteria en instalaciones. Es ineludible durante las operaciones de mantenimiento de instalaciones realizar una inspección visual y, si es necesario, limpieza y desinfección de estas. La limpieza y desinfección puede hacerse por uno de los siguientes métodos:

- Hipercloración. Este tratamiento consiste en introducir un producto químico que consigue mantener durante 3 horas un pH 8. Generalmente se utiliza el hipoclorito sódico. Una vez terminado el tiempo de permanencia, se limpia la red y acumuladores y se vuelve a poner en servicio. Es necesario comprobar el valor residual de hipoclorito mediante análisis del agua de consumo para asegurarnos de que no sobrepasa el límite para el uso humano. En este tratamiento es necesario tener en cuenta el carácter básico de los productos de tratamiento y ácido de los neutralizadores, sobre todo en lo que respecta a los materiales empleados en la instalación.
- Choque térmico. El tratamiento térmico consiste en elevar la temperatura del agua a 70 °C. A esta temperatura la bacteria muere directamente. Se suele mantener la temperatura durante 2 horas y es necesario que el agua caliente, como mínimo a 60 °C, llegue a todos los puntos de la instalación.

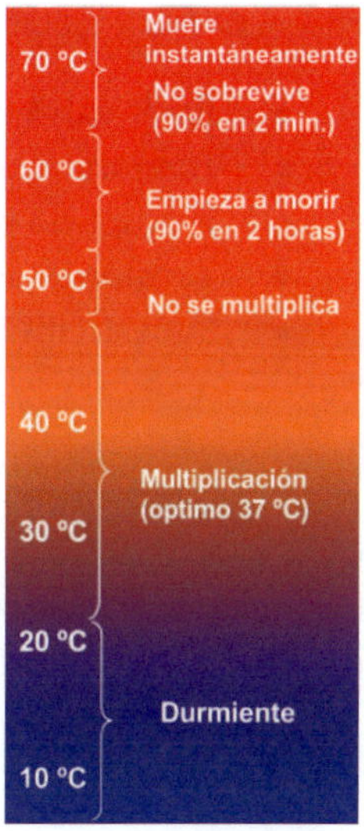

Figura 8.5
Desarrollo de la legionela en función de la temperatura.

El responsable del control de la legionela es titular de la instalación, aunque estas labores suelen contratarse con empresas especializadas que disponen de las herramientas necesarias y conocen los riesgos del trabajo con productos químicos. Una vez terminado el tratamiento, es necesario disponer de un informe con la descripción y resultados del tratamiento.

8.3.3. Tratamiento de la corrosión en instalaciones caloríficas

La corrosión es un proceso de descomposición que experimentan los metales por la acción del medio que les rodea, produciéndose una serie de reacciones químicas y electroquímicas.

TOMA NOTA

La norma UNE 112076 analiza en detalle los problemas de corrosión y dispone las medidas necesarias para evitar tanto la corrosión exterior como la interior en equipos e instalaciones.

Es importante conocer el fenómeno de formación de ánodos y cátodos en instalaciones. Teniendo en cuenta que la oxidación de los metales es una reacción electroquímica, se considera la zona de la instalación o equipo que se oxida como ánodo. Esta oxidación de ánodo conlleva la pérdida de electrones y la descomposición del material. Por otro lado, la otra parte del metal que actúa en la reacción se denomina *cátodo*, el cual recibe electrones y se mantiene inalterado. De acuerdo a la norma UNE citada anteriormente, las causas de formación de ánodos y cátodos pueden ser motivadas por el metal o por el fluido.

A) Como causas debidas al metal

- Pares galvánicos.
- Alteraciones en la estructura.
- Rotura de película protectora.
- Tensiones residuales en los metales.
- Superficies contaminadas.

B) Causas debidas al medio en contacto con el metal

- Aireación diferencial.
- Corrientes vagabundas.
- Agresividad atmosférica, del suelo o del agua.

Es de especial atención la corrosión galvánica en las instalaciones de calefacción. En estas instalaciones suelen estar presentes equipos fabricados con diferentes materiales metálicos y tuberías y accesorios que pueden estar facturados en diferentes metales. En ese caso se establece un par galvánico (pila), en el que el metal más activo actúa como ánodo y se corroe, mientras que el metal más noble actúa de cátodo, permaneciendo inalterado.

> **FUNDAMENTAL**
>
> En la corrosión galvánica, el metal que actúa como cátodo y como ánodo en cada caso depende del potencial galvánico. Podemos ordenar los metales utilizados en instalaciones desde los más electronegativos (magnesio Mg = -2,38) hasta el más electropositivo (oro Au = +1,5), tomando como referencia el hidrogeno (H = 0).

Para la protección de equipos acumuladores y resto de la instalación, estos suelen disponer de un ánodo de sacrificio. Se trata de un elemento en forma de barra de magnesio como la de la figura 8.6, donde actúa como ánodo de la instalación. De este modo, se fuerza voluntariamente en la instalación que los pares galvánicos se produzcan interviniendo como ánodo esta barra, que es la que se descompone, evitando que lo hagan otras partes de la instalación. De este modo protegemos el resto de la instalación.

Figura 8.6
Ánodo de sacrificio de magnesio.

Lo denominamos ánodo de sacrificio porque es el elemento que sacrificamos voluntariamente en beneficio del resto de elementos de la instalación.

Actividad propuesta 8.3

Determina el potencial galvánico de los metales utilizados en equipos e instalaciones de calefacción y ACS. Considera el hierro, aluminio, plomo, magnesio. Establece combinaciones de metales entre ellos y determina cuál de los dos actúa de ánodo y cátodo en cada caso.

Cuando el ánodo se ha descompuesto completamente se debe sustituir para evitar que la corrosión actué sobre otras partes útiles de la instalación. Es necesario disponer de las características del ánodo de magnesio para sustituirlo por uno nuevo de dimensiones idénticas. Algunos equipos de acumulación disponen de indicador de estado del ánodo de sacrificio, de modo que podemos tener conocimiento del estado sin necesidad de extraerlo del interior para inspección visual.

Recurso web

www

El procedimiento de cambio del ánodo de sacrificio es sencillo y conviene realizarlo antes de que se consuma completamente, de modo que siempre tengamos protegida la instalación. Puedes ver el proceso de cambio de un ánodo de sacrificio en el vídeo enlazado a este QR:

8.3.4. Problemas de la calidad del agua. Incrustaciones

La calidad del agua de alimentación es una de las características más importantes que afectan al rendimiento y conservación de equipos de producción de calor. El agua de red, utilizado normalmente en llenado de circuito de calefacción, contiene una serie de materiales disueltos que pasan a recorrer la instalación combinándose con los materiales de los elementos de la instalación.

En calderas domésticas es necesario al menos controlar la dureza el agua antes de la instalación, para determinar si es necesario disponer de elementos de tratamiento previos a su entrada a la caldera. Los valores de dureza máximos recomendados por el fabricante se encuentran en torno a los 150 mg de $CaCO_3$/l de agua (15 ºfH). Con valores superiores es necesario instalar un descalcificado previo.

Otros parámetros que son necesarios controlar son el pH, que debe estar en torno a 8 como máximo, el contenido en hierro inferior a 0,5 mg por litro y el contenido de cobre inferior a 0,1 mg por litro de agua. Es posible en circuitos cerrados diluir un componente que proteja los equipos de los ataques químicos y evite incrustaciones.

SABÍAS QUE...

Las incrustaciones se deben a las sales de calcio y magnesio que, con el efecto de la temperatura, precipitan y se depositan en la caldera. El efecto de las incrustaciones sobre las instalaciones se puede resumir en:

- Pérdida de rendimiento debido a la modificación de los coeficientes de trasmisión de calor en los intercambiadores de calor.
- Aumento de la pérdida de carga en circuito de agua.
- Afección a partes móviles de equipos de bombeo.

En grandes calderas es necesario el tratamiento previo del agua de suministro para controlar su calidad antes de ser introducida al circuito.

El efecto de la mala calidad del agua en calderas pueden ser incrustaciones o ataques químicos en los tubos de intercambio de humos. Un ejemplo de la exposición de los elementos metálicos al agua en calderas puede verse en la figura 8.7

Figura 8.7
Vista de tubos de humos y boca de caldera de vapor.

8.4. Mantenimiento en quemadores

Dado que los quemadores de premezcla mecánicos se pueden considerar un elemento de especial interés en los equipos de producción, dado que es la parte donde realmente se produce la combustión con la que conseguimos calentar el fluido, vamos a analizar las labores de mantenimiento específicas para estos equipos.

RECUERDA

✓ La función principal de los quemadores es asegurar la alimentación de combustible y comburente en condiciones adecuadas para la combustión, proporcionando el foco de ignición necesario para la formación de llama. Además, dispone de los elementos de control de llama y seguridad de bloqueo necesarios para su funcionamiento, atendiendo al control general de la caldera.

Las labores de mantenimiento preventivo sobre los quemadores garantizan una combustión adecuada y evitan un consumo de combustible excesivo.

Figura 8.8
Las 5 reglas de oro para llevar a cabo labores de mantenimiento en quemadores.
(*Fuente:* EMDESA®).

Las tareas específicas del mantenimiento de los quemadores mecánicos de premezcla podemos resumirlas en las siguientes:

- Alimentación de combustible. Comprobar el estado de las tuberías de abastecimiento de combustible. Es necesario garantizar la ausencia de fugas, tanto en instalaciones con combustibles líquidos como gaseosos.
- Comprobar y limpiar el filtro de combustible en caso de quemadores de combustible líquidos. Aunque posteriormente se dispone de filtro en la bomba de combustible, antes de la llegada del quemador es importante disponer de un filtro para el combustible como el que aparece en la figura 8.9.

Figura 8.9
Filtro para instalaciones de alimentación combustibles.

Figura 8.10
Cambio de filtro en bomba de combustible.
(*Fuente*: Danfoss).

- Filtro de combustible en bomba. Dado que las instalaciones de alimentación disponen de filtros previos, las partículas e impurezas no llegan en exceso a los filtros de las bombas de combustible, aun así, es necesario revisarlos cuando se realizan las labores de mantenimiento del quemador. Las labores de cambio de filtro de la bomba son muy sencillas. La limpieza del filtro ayuda a mejorar la combustión en el quemador. En la figura 8.10 puede verse la facilidad con la que se puede cambiar el filtro de combustible interno de una bomba de gasoil.

- Limpieza de la fotocélula de control de llama. Dado que este es un elemento que garantiza que la combustión se está produciendo, es necesario asegurarse de que recibe la cantidad de luz necesaria, tanto por orientación hacia la llama como por limpieza.
- Limpieza del cabezal de combustión. Es importante mantener libre de hollín e impurezas el disco estabilizador de llama.
- Comprobación del consumo eléctrico del motor. El consumo eléctrico del motor es un buen indicador del correcto funcionamiento del quemador. Mediante pinzas y voltímetro podemos corroborar que el consumo real coincide con el consumo previsto en el manual del fabricante.
- Cambio de boquilla. La boquilla es el elemento que más sufre los problemas de una mala combustión. Además, es el elemento cuya perfecta calibración nos garantiza el caudal de combustible y con ello el ajuste de la potencia de la caldera. Por tanto, es un elemento que debe ser cambiado en cada revisión de la caldera.
- Verificar la posición de los electrodos. Revisar mediante el pie de rey la correcta posición de los electrodos, tomando como referencia las medidas dadas por el fabricante en casa caso. Puede verse un ejemplo de posición de electrodos en la figura 8.11.

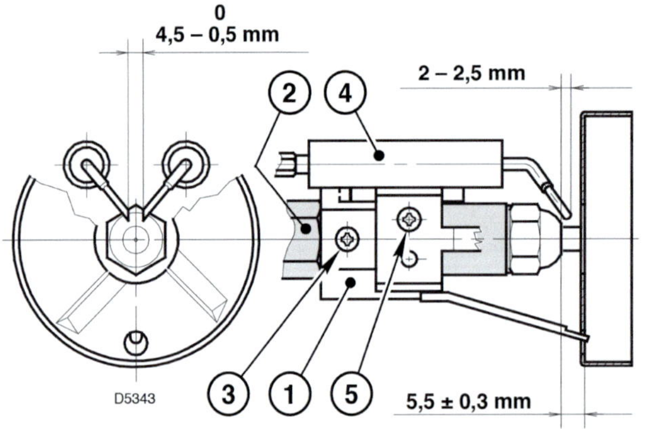

Figura 8.11
Posición de electrodos en quemador Crono 5L.
(*Fuente*: Baxi).

Una vez realizadas las operaciones anteriores y con la caldera puesta a régimen máximo de funcionamiento, se procede a realizar un análisis de la combustión, comprobando los paramentos básicos de la combustión vistos en el capítulo anterior.

8.5. Eficiencia energética del sistema

Cuando pensamos en la eficiencia de un sistema de calefacción es importante que analicemos la eficiencia de cada uno de los equipos que lo componen. Hay que pensar que la eficiencia del sistema no depende solamente de la eficiencia de la caldera o equipos de producción de calor, sino que es función de la eficiencia y combinación de todos los elementos que componen el circuito.

Para saber más

El marcado de la eficiencia de un equipo de producción de calor debe venir especificado en el propio equipo. La clasificación energética de los equipos de producción de calor abarca desde la clasificación más eficiente (A++) hasta la menos eficiente (G). Puedes ver un ejemplo de etiquetado energético de equipo de producción de calor en la figura 8.12.

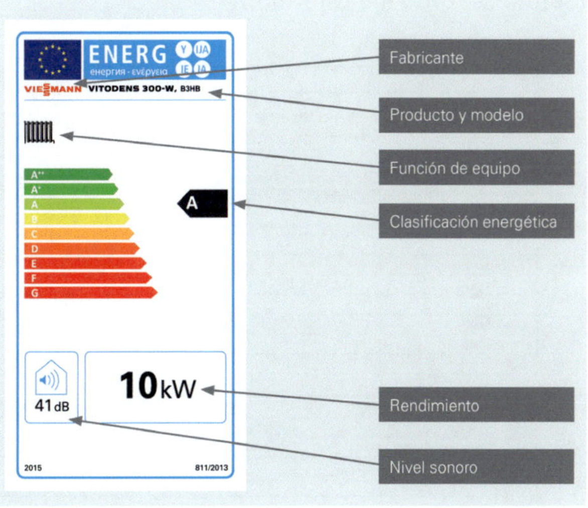

Figura 8.12
Etiqueta energética de equipo de producción de calefacción.
(*Fuente*: Viessmann).

Como se ha dicho anteriormente, la instalación en su conjunto juega un papel importante en la eficiencia del sistema. De nada vale seleccionar un equipo de producción de calor muy eficiente si posteriormente no se atiende a la eficiencia del resto de equipos de la instalación. Por tanto, debemos conocer la eficiencia energética del sistema, y para ello es necesario componer la etiqueta de certificado energético del sistema. Puede verse un tipo de etiqueta de sistema en la figura 8.13.

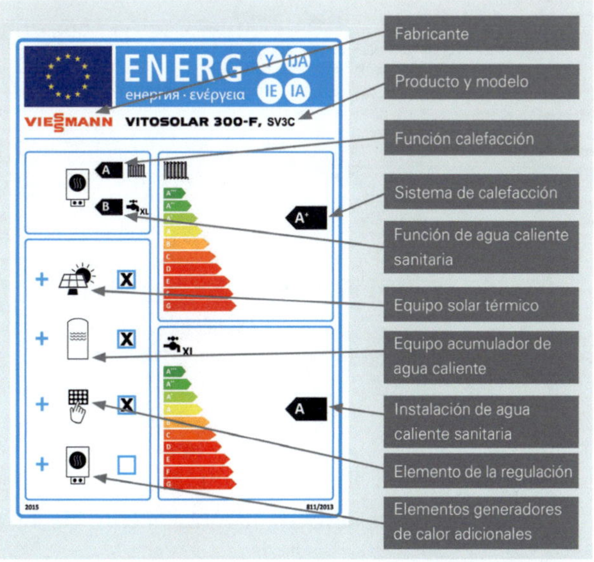

Figura 8.13
Etiqueta combinada de sistema completo de calefacción.
(*Fuente*: Viessmann).

8.6. Informes de mantenimiento

Una vez completado el mantenimiento de la instalación, es necesario cumplimentar el certificado de mantenimiento. Este certificado se incluye en la documentación de la instalación y en caso necesario se remite al órgano competente en materia de industria. El certificado de mantenimiento se debe cumplimentar en los modelos establecidos por cada Administración. Puedes ver un modelo de certificado de mantenimiento en la figura 8.14. También puedes descargarte el modelo de certificado para la Comunidad Autónoma de Andalucía en la documentación adjunta del presente capítulo.

Nº Certificado:

A	IDENTIFICACIÓN DE LA INSTALACIÓN		
DATOS TITULAR		**CARACTERÍSTICAS INSTALACIÓN**	
Nombre Titular		Potencia Térmica Total Frío	kW
D.N.I. o C.I.F.		Nº generadores de frío	
Dirección		Tipo de generadores de frío	
Localidad			
C.P.			
Teléfono		Potencia Térmica Total Generadores de Calor	kW
DATOS INSTALACIÓN		Nº de generadores de calor	
Usuario		Tipo de generadores de calor	
Dirección			
Localidad			
C.P.		Superficie de Captadores solares térmicos	m^2

B	IDENTIFICACIÓN DE LOS AGENTES ACTUANTES	
B.1. Mantenedor	Nombre:	Nº Carné
B.2. Empresa Mantenedora	Nombre:	Nº C.E.A.
B.3.Director de Mantenimiento (cuando sea preceptivo)	Nombre:	D.N.I.

C — OPERACIONES DE MANTENIMIENTO (IT 3)

Operaciones de mantenimiento realizadas

- ☐ Operaciones de mantenimiento preventivo establecido en el "Manual de Uso y Mantenimiento" (IT 3.3)
- ☐ Programa de gestión energética. Rendimiento de los Generadores de Calor y Frío (IT 3.4)
- ☐ Verificación del cumplimiento de la "Comprobación solar mínima de agua caliente" (IT 3.4)
- ☐ Comprobación / Actualización instrucciones de seguridad (IT 3.5)
- ☐ Comprobación / Actualización instrucciones de manejo y maniobra (IT 3.6)
- ☐ Comprobación / Actualización programa funcionamiento (IT 3.7)

D — CERTIFICACIÓN DEL MANTENEDOR

El mantenedor autorizado (B.1.) **CERTIFICA** que la instalación ha sido mantenida de acuerdo con el "Manual de Uso y Mantenimiento", y que cumple con los requisitos exigidos en la IT3.

Firma del Mantenedor Autorizado B.1. **Sello de la Empresa Mantenedora B.2.**

En , el

D — CERTIFICACIÓN DEL DIRECTOR DE MANTENIMIENTO

El director de mantenimiento (B.3.) **CERTIFICA** que ha realizado la dirección del mantenimiento de la instalación, la cual ha sido mantenida de acuerdo con el "Manual de Uso y Mantenimiento", y que cumple con los requisitos exigidos en la IT3.

Firma del Director de Mantenimiento

En , el

INCIDENCIAS REGISTRADAS A LO LARGO DEL AÑO

RECOMENDACIONES PARA LA MEJORA DE LA EFICIENCIA DE LA INSTALACIÓN

Figura 8.14
Modelo de certificado de mantenimiento de instalación RITE.
(*Fuente*: Comunidad de Madrid).

Resumen

- El mantenimiento preventivo de las instalaciones nos garantiza el correcto funcionamiento de estas y alarga la vida útil de la instalación. Las labores de mantenimiento deben ser llevadas a cabo por técnicos competentes y es necesario que conozcan las prescripciones reglamentarias y las especificaciones de los fabricantes.
- La programación de las labores de mantenimiento en grandes instalaciones se realiza con la ayuda de programas informáticos, a los que alimentamos con los datos de todos los equipos de la instalación y las actividades de mantenimiento para cada uno de ellos. Con estos datos se elabora un plan de mantenimiento que programa todas las actividades y temporiza su seguimiento. Es importante conocer los datos técnicos de cada uno de los equipos de la instalación.
- Las actividades de mantenimiento afectan a los equipos de producción de calor, a los equipos emisores e intercambiadores, así como a las instalaciones y equipos de distribución de fluido caloportador. En todos los casos, es necesario pensar en el mantenimiento desde el momento de la instalación, dado que las funciones de mantenimiento pueden verse facilitadas si el instalador ha pensado en el futuro mantenimiento.
- Todos los trabajos de mantenimientos deben ser realizados teniendo en cuenta:
  - Prescripciones reglamentarias referidas al mantenimiento de equipos e instalaciones.
  - Instrucciones de mantenimiento del fabricante.
- El uso correcto de las instalaciones corresponde al titular de la instalación. Es importante atender las prescripciones reglamentarias referidas al control de la proliferación de bacterias en las instalaciones, tanto de calefacción como de ACS, en especial lo referido al control de legionela.
- Un punto importante en el diseño de las instalaciones que afecta en gran medida al mantenimiento es la protección contra la corrosión de los equipos e instalaciones. Para ello es necesario conocer las medidas que desde el diseño de la instalación se han dispuesto y realizar el mantenimiento de estas medidas de forma adecuada.
- El registro de las operaciones de mantenimiento es necesario y prescriptivo para disponer de la documentación actualizada de la instalación en cada momento.

Ejercicios propuestos

1. Realiza un formulario de toma de datos para los equipos de una instalación doméstica de mediana envergadura.

2. Sobre el formulario del ejercicio anterior, rellena los datos fundamentales de circulación de la marca Baxi modelo SB-50XA. Las especificaciones técnicas puedes descargarlas de la información adicional del capítulo.

3. Basándote en la información del equipo de circulación del ejercicio anterior, describe las actividades de mantenimiento recomendadas por el fabricante y determina su periodicidad.

4. Descarga la información del Fan Coil tipo IQD 80 de la marca Baxi, describe las actividades de mantenimiento recomendadas por el fabricante y determina su periodicidad.

5. Consulta el Real Decreto 865/2003 que establece los criterios higiénico sanitarias para el control y prevención de la legionela y determina su ámbito de aplicación.

Práctica	
Informe de mantenimiento de instalaciones.	
Objetivo	Analizar los datos a tener en cuenta en los mantenimientos de las instalaciones RITE.
Material	Modelos de informe de mantenimiento del organismo competente.
Procedimiento	*Procedimiento:* toma el modelo de informe de mantenimiento que se incluye en la documentación adjunta al presente capítulo y cumpliméntalo analizando las operaciones de mantenimiento que realizarías sobre las instalaciones de tu centro educativo. Rellénalo con todo detalle y piensa que es un documento a entregar a la Administración competente.

ACTIVIDADES DE AUTOEVALUACIÓN

1. El mantenimiento preventivo tiene como objetivo:
   - ☐ *a)* Mejorar el funcionamiento de la instalación y prevenir fallos.
   - ☐ *b)* Es una actuación a la que obliga el RITE para todas las instalaciones independientemente de su potencia.
   - ☐ *c)* Ambas respuestas son correctas.

2. El mantenimiento preventivo se realiza:
   - ☐ *a)* Solo en grandes instalaciones.
   - ☐ *b)* En todas las instalaciones, dado que afecta al rendimiento y eficiencia de la instalación.
   - ☐ *c)* Solo cuando se analiza la combustión para mejorar el rendimiento.

3. En la revisión de mantenimiento de quemadores, la boquilla:

- ☐ *a)* Hay que cambiarla siempre.
- ☐ *b)* Solo se cambia cada 2 años.
- ☐ *c)* Se suele cambiar, dado que es el elemento cuyo funcionamiento afecta más directamente a la combustión correcta.

4. Para confirmar el correcto encendido de calderas y quemadores es necesario comprobar:

- ☐ *a)* La posición de los electrodos.
- ☐ *b)* La correcta alimentación de combustible.
- ☐ *c)* Ambas respuestas son correctas.

5. En el mantenimiento de equipos con componentes eléctricos:

- ☐ *a)* El consumo eléctrico es un parámetro determinante para conocer el funcionamiento del equipo.
- ☐ *b)* El consumo eléctrico solo afecta al rendimiento, pero no quiere decir nada sobre su estado de mantenimiento.
- ☐ *c)* El consumo eléctrico no suele medirse en mantenimiento de equipos de calefacción.

6. Para el tratamiento de la legionela en instalaciones de calefacción, cuando sea preceptivo podemos utilizar:

- ☐ *a)* Tratamientos térmicos exclusivamente.
- ☐ *b)* Tratamientos químicos exclusivamente.
- ☐ *c)* Tratamientos térmicos y tratamientos, ambos son posibles y están recogidos en la normativa.

7. La protección para corrosiones por par galvánico en equipos de instalaciones de producción de calor se puede realizar:

- ☐ *a)* Mediante tratamiento del pH del fluido caloportador.
- ☐ *b)* Mediante la introducción de ánodo de sacrificio con el material más electronegativo posible.
- ☐ *c)* Mediante la pintura exterior que existe al contacto con al aire ambiente.

8. El material del que se componen generalmente los ánodos de sacrificio en acumuladores es:

- ☐ *a)* Manganeso, ya que es el material más electronegativo de los utilizados en equipos e instalaciones de producción de calor.
- ☐ *b)* Aluminio, ya que es el material más noble y barato de los utilizados en equipos e instalaciones de producción de calor.
- ☐ *c)* Magnesio, ya que es el material más electronegativo de los utilizados en equipos e instalaciones de producción de calor.

9. La etiqueta de calificación energética de equipos identifica:
   - ☐ *a)* El fabricante, el modelo de equipo y la clasificación energética desde la A++ a la G.
   - ☐ *b)* El fabricante y la fecha de fabricación. Con eso se conoce el rendimiento.
   - ☐ *c)* Solo el rendimiento del equipo.

10. El certificado de mantenimiento es necesario:
    - ☐ *a)* Solo para instalaciones de potencia mayor de 70 kW.
    - ☐ *b)* Siempre que se realice una operación de mantenimiento y debe adjuntarse a la documentación de la instalación.
    - ☐ *c)* El certificado lo realiza una empresa colaboradora de la Administración, el titular realiza la inspección.

SOLUCIONES:

	a	b	c
1.	■ a	b	c
2.	a	■ b	c
3.	a	b	■ c
4.	a	b	■ c
5.	■ a	b	c
6.	a	b	■ c
7.	a	■ b	c
8.	a	b	■ c
9.	■ a	b	c
10.	a	■ b	c

9

Mantenimiento correctivo. Averías y reparación de equipos en instalaciones caloríficas

Objetivos

- ✓ Conocer los procedimientos de mantenimiento correctivo para producción de calor.
- ✓ Determinar las actividades a realizar en mantenimiento correctivo para cada equipo.
- ✓ Conocer las diferentes tipologías de fallo en diferentes equipos.
- ✓ Establecer el mecanismo de diagnóstico de fallos en equipos.
- ✓ Analizar los datos necesarios para realizar los informes de mantenimiento correctivo de instalaciones según el RITE.

Mapa conceptual

MANTENIMIENTO CORRECTIVO EN INSTALACIONES CALORÍFICAS

- Tipos de averías en equipos e instalaciones
- Desmontaje y resolución de averías
- Informes de reparación

Glosario

Diagnóstico de averías. Parte del mantenimiento correctivo que se encarga de localizar el elemento o elementos en fallo y determinar su efecto sobre la instalación. Es la parte más importante del mantenimiento correctivo, dado que de un buen diagnóstico depende la buena resolución del fallo.

Informe de intervención. Una vez concluida la intervención, es necesario reflejar en la documentación de la instalación las actuaciones y modificaciones realizadas.

Mantenimiento correctivo. Parte del mantenimiento de las instalaciones que se encarga de actuar sobre equipos una vez que aparece el fallo. Podemos descomponer las operaciones de mantenimiento correctico en diagnóstico, reparación e informe de reparación.

Reparación. Una vez se ha realizado el diagnóstico de la avería y se disponga de todo el material necesario para ello, se procede a la reparación.

9.1. Introducción

El mantenimiento correctivo de las instalaciones es aquel mantenimiento que se encarga de reparar los fallos de las instalaciones una vez ocurridos. A diferencia del mantenimiento preventivo, cuando el fallo de la instalación se produce puede afectar no solo a la parte que falla de la instalación, sino también al resto al poder aparecer disfunciones en la instalación que provocan estados de funcionamiento que pueden variar con respecto a los de diseño.

Sabías que...

El mantenimiento correctivo resulta más caro para una instalación, dado que además de poder provocar fallos en el resto de la instalación, provoca periodos de parada de la instalación. Estas paradas de funcionamiento de las instalaciones, además de causar problemas de confort para los usuarios, suponen problemas de mal servicio por parte de las empresas instaladoras y mantenedoras. Si se trata de instalaciones al servicio de un proceso productivo, el fallo de la instalación puede suponer pérdidas económicas importantes.

En el presente capítulo trataremos de resumir las posibles anomalías de funcionamiento que podemos encontrarnos en equipos e instalaciones de producción de calor. Será necesario conocer el funcionamiento de los equipos y sus componentes principales para poder realizar un diagnóstico de sus posibles fallos. Nos centraremos en los manuales de especificaciones técnicas de los fabricantes, pues son los que mejor conocen los posibles fallos de sus equipos y disponen de la información de fallos reiterados en diferentes componentes de los equipos.

9.2. Averías en equipos de producción de calor. Tipologías, efectos y técnicas de localización

El diagnóstico de las averías es una de las partes más importantes en la dedicación del futuro técnico en instalaciones de producción de calor. Importante es la instalación correcta de los equipos y su adecuado mantenimiento preventivo, pero especial interés tiene el diagnóstico y reparación de las averías. Para un correcto diagnóstico de las averías es fundamental conocer las partes del equipo, de la instalación y su funcionamiento. Si no conocemos los componentes del equipo y su función, difícilmente seremos capaces de diagnosticar un fallo y mucho menos de repararlo siguiendo un procedimiento técnicamente lógico y seguro, si no es más que probaturas a base de ensayo y error, con los consiguientes riesgos que estas operaciones conllevan al tratarse de equipos que utilizan combustibles e instalaciones sometidas a presión y temperatura.

Actividad propuesta 9.1

Suponiendo que eres un técnico que se va a enfrentar a la reparación de una avería en una instalación de caldera doméstica a gas natural, describe las medidas de seguridad que tomarías antes de iniciar el diagnóstico y reparación de la avería.

Aunque en pequeñas instalaciones es difícil de conseguir, sobre todo cuando trabajamos con equipos más antiguos, es muy importante disponer del manual de instrucciones del fabricante del equipo, de modo que conozcamos todas las especificaciones y particularidades de este. Es frecuente que los técnicos de mantenimiento y servicios técnicos trabajen en exclusiva con una o varias marcas, de las cuales son conocedores de los equipos y disponen de manuales, listado y stock de repuestos para las marcas con las que se trabaja.

WWW

Recurso web

La mayoría de los fabricantes ponen a disposición de los técnicos un listado de repuestos codificado para cada uno de los equipos, de modo que el pedido de repuestos para mantenimiento correctivo o preventivo sea ágil. Como ejemplo puedes ver el listado de respuestas del quemador Crono 3L de Baxi a través del siguiente código QR:

Es frecuente disponer de planos, esquemas de la instalación y despieces de los equipos, donde se puedan ver los elementos y componentes susceptibles de fallo. Un ejemplo de despiece puede verse en la figura 9.1.

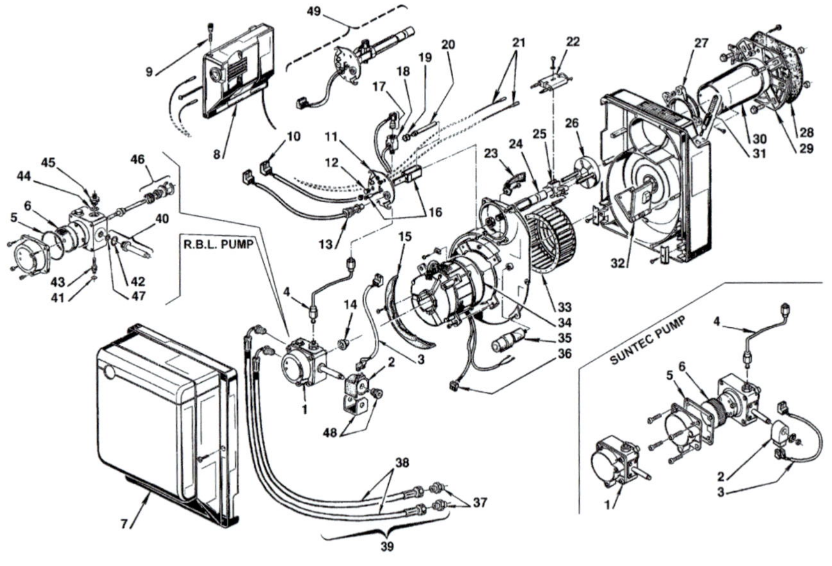

Figura 9.1
Despiece quemador premezcla.
(*Fuente*: Baxi).

A continuación, se establecen indicaciones generales que pueden orientar al técnico de mantenimiento en la localización de averías. Se trata siempre de una orientación, dado que, por la diversidad y variabilidad de la configuración de las instalaciones, no es posible establecer un guion fijo que consiga la localización efectiva de la avería.

A continuación, se incluyen varias cuadros con las posibles causas de averías de cada uno de los equipos principales de la instalación.

Será la pericia y la experiencia del mantenedor la que consiga el mejor diagnóstico y se encargue de obtener la mejor localización y la mejor intervención para la reparación de la avería. El técnico deberá conocer las diferentes tipologías de equipos existentes en cada instalación y discriminar las averías en función de los componentes que contenga cada una.

En la tabla de averías de calderas de los cuadros 9.1 y 9.2, se han considerado las averías de calderas murales totalmente hidráulicas más antiguas, y las averías de las calderas totalmente electrónicas más modernas.

CUADRO 9.1
Posibles averías en calderas convencionales

Equipos de producción de calor murales de gas		
Avería	**Posible causa**	**Solución**
El quemador no enciende	Termostato ambiente roto	Sustitución
	Termostato caldera roto	Sustitución
	Poco caudal de agua ACS	Regular caudal
	Termostato de seguridad activado	Rearmar
	Problemas válvula de gas	Comprobar/sustituir
	Placa electrónica rota	Comprobar/sustituir
	Sensor antirrevocos activado	Rearmar
	Filtro entrada sucio	Limpiar
	Presión en circuito calefacción	Llenar (1,5 bar aprox.)
	Detector ACS averiado	Sustitución
	Presostato diferencia de humos	Comprobar/sustituir
	Falta corriente eléctrica	Comprobar 230 V
	Electrodos de encendido	Revisar trafo
	Falta de combustible	Revisar
La caldera enciende y al poco tiempo se apaga	Sonda de ionización	Sustitución
	Termostato caldera roto	Sustitución
	Poco caudal de agua ACS	Regular caudal
	Termostato seguridad activado	Rearmar
Temperatura de humos alta	Sonda de temperatura humos	Sustitución
	Problemas intercambiador	Limpieza
Salida de humos defectuosa	Falta alimentación 230 V	Revisión cable
	Ventilador roto	Sustitución
	Sensor taquimétrico averiado	Revisión

La corporación de la alimentación eléctrica se suele realizar sobre los frontales de la caldera, accediendo al bornero de conexiones y a la placa electrónica. El fabricante, en su manual de instrucciones, suele indicar la forma de acceso a estos equipos como puede verse en la figura 9.2.

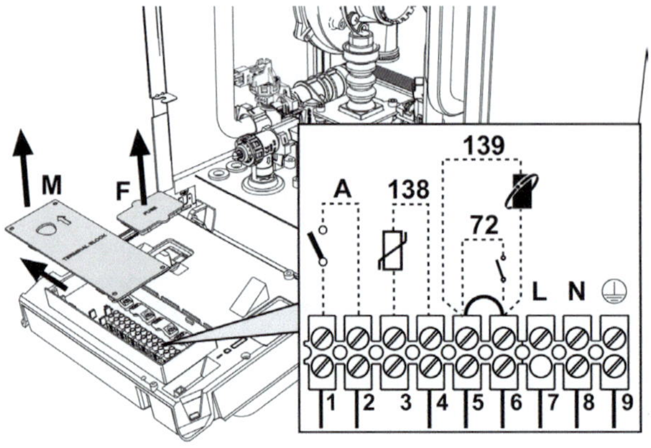

Figura 9.2
Acceso a conexiones eléctricas y placa en caldera mural.
(*Fuente*: Ferroli).

CUADRO 9.2
Posibles averías en calderas mixtas

Equipos de producción de calor murales de gas mixtas		
Avería	**Posible causa**	**Solución**
El ACS no alcanza temperatura	Válvula diversora (3 vías) mal	Desmontar/limpiar
	Termistancia ACS mal	Sustitución
	Membrana deformada	Sustitución
	Caudal ACS elevado	Reducir caudal

Los esquemas de la caldera, tanto eléctricos como hidráulicos, deben estar presentes a la hora de identificar o diagnosticar cualquier avería en estos equipos. Un ejemplo de esquema hidráulico y eléctrico, con los elementos de seguridad del equipo, puede verse en las figuras 9.3 y 9.4

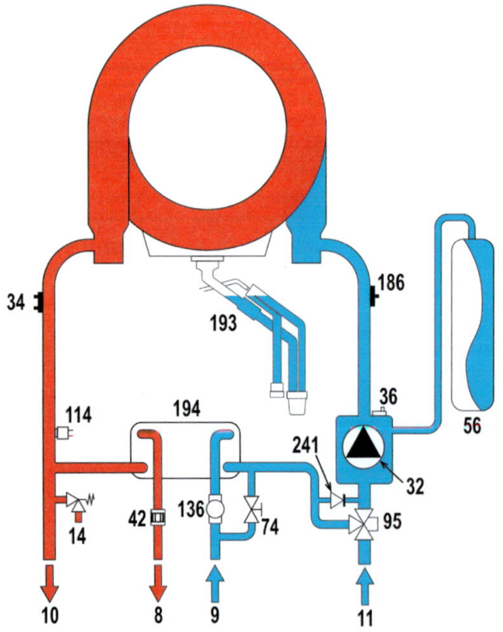

8	Salida de ACS
9	Entrada de AS
10	Ida a calefacción
11	Retorno de calefacción
14	Válvula de seguridad
32	Circulador de calefacción
34	Sensor temperatura calefacción
36	Purgador de aire automático
42	Sonda de temperatura AS
56	Vaso de expansión
74	Llave de llenado de la instalación
95	Válvula desviadora
114	Presostato del agua
136	Caudalímetro
186	Sensor de retorno
193	Sifón
194	Intercambiador AS
241	Baipás automático (dentro del grupo bomba)

Figura 9.3
Esquema hidráulico de caldera mural de condensación.
(*Fuente*: Ferroli).

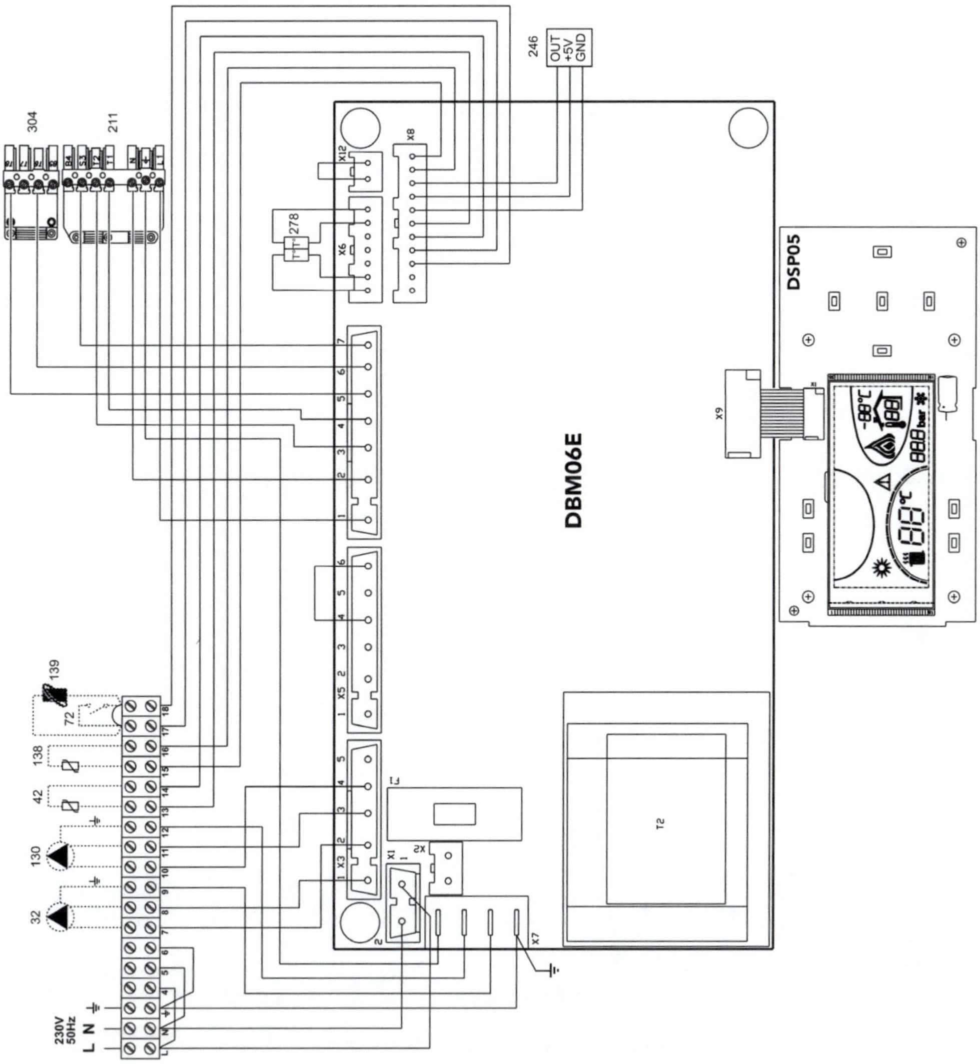

Figura 9.4
Esquema eléctrico de caldera de pie con quemador presurizado.
(*Fuente*: Ferroli).

Actividades propuestas

9.2. Identifica los elementos del esquema hidráulico de la figura 9.3, describiendo su funcionamiento y la labor que desempeña en el funcionamiento general de la caldera.

9.3. Identifica los elementos del esquema eléctrico de la figura 9.4, describiendo su funcionamiento y la labor que desempeña en el funcionamiento general de la caldera.

En el cuadro 9.3 se tratan las posibles averías de equipos genéricos de instalaciones. Los componentes más específicos debemos considerarlos de acuerdo al manual de instrucciones del fabricante.

CUADRO 9.3
Posibles averías en instalaciones

Equipos de seguridad		
Avería	**Posible causa**	**Solución**
Salta la válvula de seguridad en caliente	Presión gas en vaso de expansión	Llenar presión gas
	Membrana vaso de expansión rota	Reparar/sustituir
	Revisar tarado válvula	Tarar/revisar
Salta la válvula de seguridad en frío	Válvula de llenado abierta	Cerrar/reparar
	Intercambiador placas comunicado	Sustitución
Manómetro no marca	Rotura capilar	Sustitución
	Suciedad capilar	Limpieza
	Manómetro averiado	Sustitución

Las averías típicas que podemos encontrarnos en equipos emisores pueden verse en los cuadros 9.4 (radiadores) y en el cuadro y 9.5 (suelo radiante).

CUADRO 9.4
Posibles averías en equipos emisores. Radiadores

Equipos emisores (radiadores)		
Avería	**Posible causa**	**Solución**
No calientan los radiadores	Aire en la instalación	Purgar
	Aire en los radiadores	Purgar
	Caudal circuito bajo	Aumentar caudal

CUADRO 9.5
Posibles averías en equipos emisores. Suelo radiante

Equipos emisores (suelo radiante)		
Avería	**Posible causa**	**Solución**
No calienta estancia	Avería termostato	Revisar/sustituir
	Aire en circuitos	Purgar
	Caudal circuito	Compensar colector
	Caudal circuito bajo	Aumentar caudal

[.../...]

CUADRO 9.5 (CONT.)

Equipos emisores (suelo radiante)		
Avería	**Posible causa**	**Solución**
Temperatura no adecuada	Caudal circuito no ajustado	Revisar
	Descompensación circuitos	Revisar colector
Condensaciones en suelo frío	Caudal circuito no adecuado	Revisar
	Sonda higrométrica averiada	Revisar/sustituir

Las operaciones de desbloqueo de equipos circuladores que podemos ver en el cuadro 9.6, sobre todo después de paradas prolongadas, son habituales en las puestas en marcha después de temporada de parada y en los mantenimientos.

CUADRO 9.6
Posibles averías en equipos de bombeo

Equipos de bombeo		
Avería	**Posible causa**	**Solución**
Circulador ruidoso	Presencia de aire	Purgar
	Presión baja	Llenar
	Velocidad circulación alta	Comprobar/regular
	Cuerpos extraños en el circulador	Limpiar
Circulador no arranca	Bloqueo eje	Desbloquear (ver figura 9.5)
	Cuerpos extraños	Limpiar
	Condensador defectuosos	Cambiar
	Alimentación eléctrica	Comprobar

Los circuladores que están controlados por placa electrónica, como los de las calderas más modernas, evitan el bloqueo mediante una programación de funcionamiento que evita que el equipo quede sin funcionar más de un tiempo determinado por ausencia de demanda. En caso de bloqueo es necesario acceder al eje y apoyarlo en su intento de giro. Esta operación puede verse en la figura 9.5.

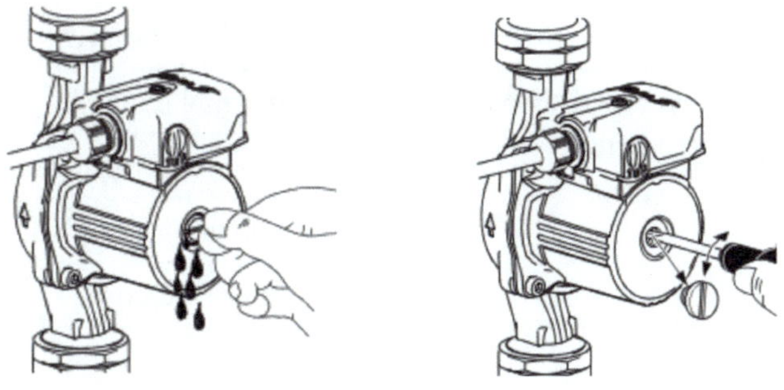

Figura 9.5
Proceso de desbloqueo del eje de equipo circulador.
(*Fuente*: Baxi).

Para los quemadores de premezcla, al ser considerados equipos independientes de las calderas, se incluyen en el cuadro 9.7 sus averías y causas posibles.

CUADRO 9.7
Posibles averías en quemadores de premezcla mecánicos

Quemadores de premezcla		
Avería	**Posible causa**	**Solución**
El quemador no arranca	Bloqueo centralita	Desbloquear
	Fallo alimentación eléctrica	Comprobar
	Bomba bloqueada (combustible)	Comprobar/sustituir
	Bloqueo motor	Comprobar
El quemador bloquea durante el barrido	Conexiones eléctricas defectuosas	Comprobar
	Fotocélula cortocircuito	Sustituir
	Quemador no estanco	Comprobar
	Electroválvula gasóleo defectuosa	Sustituir
El quemador bloquea en el encendido	Falta combustible	Comprobar
	Electroválvula defectuosa	Comprobar
	Filtros sucios	Limpiar/sustituir
	Bomba descebada	Cebar
	Electrodos mal regulador	Regular
	Inyector obturado	Sustituir
	Transformador encendido defectuoso	Sustituir
	Cables electrodos defectuosos	Sustituir
	Regulación combustible-aire mala	Regular combustión
El quemador enciende pero bloquea pasados unos segundos	Fotocélula sucia	Limpiar
	Fotocélula defectuosa	Sustituir
	Instalación defectuosa	Sustituir
El quemador enciende con cortes de llama intermitentes	Cabezal mal regulado	Regular
	Electrodos mal regulados	Regular
	Compuerta mal regulada	Regular
	Inyector defectuoso	Sustituir

[.../...]

CUADRO 9.7 (CONT.)

Quemadores de premezcla		
Avería	**Posible causa**	**Solución**
Ruido en la bomba	Aire en aspiración	Revisar conexiones
	Aspiración elevada	Comprobar
	Diámetro aspiración pequeño	Revisar/sustituir
	Filtros sucios	Limpiar
	Válvulas combustible cerradas	Abrir
Problemas cebado bomba	Retorno no cebado	Cebar
	Aire en aspiración	Revisar
Cabezal combustión sucio	Regulación aire defectuosa	Regular combustión
	Inyector sucio (filtro)	Sustituir
	Inyector inadecuado (ángulo)	Comprobar
	Disco estabilizador sucio	Limpiar
Índice de Bacharach oscuro	Falta de aire	Regular combustión
	Inyector sucio (filtro)	Sustituir
	Disco estabilizador sucio	Limpiar
	Ventilación insuficiente sala	Revisar
	Presión combustible errónea	Comprobar
Índice de Bacharach oscuro	Exceso de aire	Regular combustión

TOMA NOTA

El índice de Bacharach es un índice que mide la opacidad de los humos de combustión. La medición se realiza con un opacímetro, que no es más que una bomba que aspira humos y lo hace pasar por un papel poroso blanco. Los humos, por sus contenidos de inquemados, manchan el papel y lo oscurecen a su paso. Una vez realizada la aspiración de humos, se compara el color oscuro del papel con una escala, resultando un número de la escala entre el 0 y el 9. Puedes ver el equipo de medida en la figura 9.6.

Figura 9.6
Medida manual del índice de Bacharach.
(*Fuente*: Testo).

Los nuevos equipos de análisis de la combustión ya incorporan una función para la medida de este índice de forma automática.

9.3. Desmontaje, resolución de averías y verificación

Una vez se ha diagnosticado la avería, es necesario pensar cual sería el mejor procedimiento para su reparación. No siempre es posible dejar la instalación en perfecto funcionamiento de nuevo, dado que en ocasiones debemos sustituir la pieza y esta no está disponible de forma inmediata. Es ese caso debemos tomar la decisión de cómo dejar la instalación hasta que pueda repararse definitivamente. Debemos decidir entre alguna de las siguientes situaciones:

- Sustituir el elemento fallido y dejar la instalación en servicio definitivo.
- Sustituir el elemento fallido y esperar otro momento para la nueva puesta en servicio.
- Anular el elemento fallido (cuidado con la seguridad de la instalación) y dejar la instalación en servicio, pendiente de volver a intervenir cuando tengamos el nuevo elemento.
- Deja la instalación fuera de servicio, a la espera de poder intervenir sobre ella, dado que su funcionamiento podría suponer un riesgo para personas y bienes.

Tomar una decisión de entre las posibles a la hora de reparar un fallo en la instalación es una de las dediciones más importantes que debe tomar un técnico de mantenimiento. De esta decisión depende la seguridad de usuario y resto de personal de mantenimiento.

FUNDAMENTAL

Cuando se realiza una operación de mantenimiento es fundamental documentarla e incluirla en la documentación de la instalación. Si realizamos una intervención que supone una modificación del funcionamiento de la instalación, es necesario pensar en el técnico que posteriormente tenga que intervenir sobre esta y anotar en la documentación técnica las modificaciones realizadas, de modo que siempre se disponga de documentación técnica actualizada de la instalación.

Siempre, una vez reparada la instalación, necesitamos realizar una nueva puesta en marcha de esta, o de al menos la parte afectada por la avería. Esta operación de nueva puesta en marcha será tanto más completa cuantas más partes afectadas tenga la instalación, pudiendo llegar a tener que realizarse una nueva puesta en marcha completa si la envergadura de la reparación es importante o si afecta a partes clave de la instalación.

TOMA NOTA

Por tu seguridad, antes de realizar las operaciones de mantenimiento asegura que has desconectado todas las fuentes de energía, especialmente la energía eléctrica. Trabaja seguro, respetando las 5 reglas de oro vistas en el capítulo anterior.

9.4. Informe de reparación

Como se ha dicho anteriormente, para mantener la seguridad de la instalación, es necesario que se registren todas las intervenciones que se realizan sobre la instalación y cada uno de sus equipos. Es por ello que debemos realizar un informe por cada una de las intervenciones que se realizan, pasando a formar parte este informe de la documentación de la instalación.

RECUERDA

✓ La documentación de la instalación puede contener documentación administrativa y documentación técnica. Esta documentación técnica debe contener la documentación descriptiva de la instalación, ya sea formando parte de una memoria o en formato plano. Puede darse el caso que cierta intervención requiera la actualización de la documentación y deba hacerse una vez finalizada la intervención en oficina. En este caso se denominan planos AS-BUILT, o planos de cómo queda la instalación definitivamente.

El informe de reparación contempla, además de la componenda técnica vista anteriormente, una económica, pues será necesaria para la facturación de la intervención por parte de la empresa mantenedora. Los datos mínimos que debemos incluir en el informe de reparación son los siguientes:

- Datos del cliente.
- Datos de la persona que avisa sobre la avería.
- Datos de la instalación.
- Datos relacionados por el cliente (motivo de intervención).
- Urgencia requerida para la intervención.
- Diagnóstico previo de la avería.
- Presupuesto estimado antes de la intervención.
- Datos de facturación.
- Aceptación del cliente de la intervención.
- Medidas de seguridad necesarias para la intervención.
- Resultado de la intervención.
- Documentación complementaria resultado de la intervención.

Toda la documentación anterior debe adjuntarse, como ya se ha explicado anteriormente, a la documentación técnica y administrativa de la instalación. De este modo se conoce el histórico de actuaciones sobre cada equipo. Esta documentación resulta de especial relevancia de cara a un futuro mantenimiento preventivo sobre la instalación.

Resumen

- El mantenimiento correctivo, al contrario que el preventivo, no previene la aparición de la avería, sino que la repara una vez esta se ha producido. Se encarga del diagnóstico de la avería y la reparación cuando esta ya ha tenido lugar.
- Para el correcto diagnóstico de las averías, tanto en equipos como en instalaciones, es necesario conocer en detalle su funcionamiento. Ningún técnico podrá dar un buen diagnóstico de una avería si no conoce el funcionamiento de los equipos e instalaciones.

- Al igual que en el caso del mantenimiento preventivo, el registro de las operaciones de mantenimiento es necesario y prescriptivo para disponer de la documentación actualizada de la instalación en cada momento.
- Antes de afrontar una operación de diagnóstico y reparación de avería, es imprescindible disponer de la siguiente documentación:
  - Manuel de instalación y mantenimiento del fabricante.
  - Listado de repuestos de los equipos en fallo.
  - Documentación técnica de la instalación (proyecto, memoria, planos, manual de uso y mantenimiento, etc.).
- Cada vez es más frecuente la incorporación de múltiples equipos con componentes electrónicos a las instalaciones, por lo que el técnico de mantenimiento debe conocer las técnicas de reparación para averías de índole hidráulica y eléctrica.
- Antes de iniciar una reparación es importante conocer los riesgos a los que estamos expuestos. Estos riesgos fundamentalmente vienen derivados del uso de presión, temperatura y corriente eléctrica, así como riesgos por el uso de combustibles.

Ejercicios propuestos

1. Realiza un resumen de los principales fallos que podemos encontrarnos en una caldera mural de gas.
2. Sobre el esquema de componentes del quemador crono 3L de Baxi, busca el número de identificación de la electroválvula.
3. Basándote en el listado de repuestos del quemador crono 3L de Baxi, identifica el código del elemento para realizar el pedido de la electroválvula anterior.
4. Con el listado de repuestos del quemador crono 3L de Baxi, identifica el código del elemento para realizar el pedido de la fotocélula.
5. Realiza un informe de reparación de la operación de cambio de los elementos de los ejercicios 3 y 4 sobre un quemador.

Práctica

Reparación de caldera mural hidráulica.	
Objetivo	Realizar el diagnóstico de averías e identificación de las operaciones de reparación.
Material	Caldera mural con componentes hidráulicos. Membrana para la caldera disponible.

Procedimiento	Sobre una caldera mural con alto componente hidráulico disponible en los talleres, realizar las operaciones de diagnóstico y reparación de averías. Es frecuente en las operaciones del técnico de mantenimiento la sustitución de la membrana del cuerpo de agua o de la válvula diversora. El planteamiento de la práctica se descompondrá en los siguientes pasos: – Planteamiento de la avería. La caldera no arranca ante una demanda de agua ACS. – Búsqueda de información. Los alumnos deben localizar los manuales de instalación y mantenimiento del equipo. – Diagnóstico. El alumnado deberá dar su opinión sobre los posibles elementos que pueden causar un fallo como el planteado. – Búsqueda de repuestos. Los alumnos deberán localizar el repuesto utilizando catálogos y documentación técnica del fabricante. – Planificación de la intervención. Los alumnos redactarán el procedimiento para la intervención, donde se describan el proceso a seguir y las medidas de seguridad empleadas. – Reparación. Una vez se dispongan de procedimientos y materiales, se realiza la intervención tal y como se ha detallado en el procedimiento. – Informe de la intervención. Cuando ya se ha producido la reparación, se realiza el informe correspondiente para dejar constancia de esta en la documentación de la instalación.

ACTIVIDADES DE AUTOEVALUACIÓN

1. El mantenimiento preventivo tiene como objetivo:
   - ☐ *a)* Mejorar el funcionamiento de la instalación y prevenir fallos.
   - ☐ *b)* Es una actuación a la que obliga el RITE para todas las instalaciones independientemente de su potencia.
   - ☐ *c)* Ninguna de las anteriores es correcta.
2. El mantenimiento correctivo se realiza:
   - ☐ *a)* Antes de que aparezca una avería grande.
   - ☐ *b)* Una vez se ha producido el fallo de algún componente de la instalación.
   - ☐ *c)* Solo cuando lo plantee la documentación de la instalación.
3. En un quemador que enciende pero se apaga a los pocos segundos, debemos revisar:
   - ☐ *a)* La fotocélula.
   - ☐ *b)* La válvula de gas.
   - ☐ *c)* La electroválvula.
4. Un quemador que no enciende puede tener averiado:
   - ☐ *a)* La fotocélula.
   - ☐ *b)* La válvula de gas.
   - ☐ *c)* El control de temperatura máxima.

5. En una caldera mixta en la que no se consigue calentar convenientemente el agua de ACS, debemos revisar:
   - ☐ *a)* El sensor de temperatura de ACS, la membrana del cuerpo de agua y el caudal de agua.
   - ☐ *b)* Las calderas mixtas no disponen de membrana.
   - ☐ *c)* El caudal de agua no afecta a la temperatura de preparación de ACS.

6. Si detectamos una temperatura de humos alta, debemos limpiar:
   - ☐ *a)* El conducto de aspiración y evacuación en calderas estancas.
   - ☐ *b)* Solo el conducto de evacuación.
   - ☐ *c)* El intercambiador de calor humos-agua.

7. Si en una caldera mural se detectan ruidos en el circulador:
   - ☐ *a)* Las calderas murales no disponen de circulador.
   - ☐ *b)* Puede ser la presencia de cuerpos extraños o aire en la instalación, velocidad alta, presión baja.
   - ☐ *c)* Es necesario sustituir el circulador inmediatamente por problemas eléctricos.

8. Para evitar el bloque en elementos circuladores de instalación, comúnmente se realiza:
   - ☐ *a)* Mantenimiento preventivo mensual de estos equipos.
   - ☐ *b)* Productos descalificadores para el agua que eviten el bloque del equipo.
   - ☐ *c)* Puesta en funcionamiento controlada por la placa para evitar largos periodos de parada de los equipos.

9. El índice de Bacharach mide:
   - ☐ *a)* El índice de inquemados en la combustión y lo compara con una escala del 0 al 9.
   - ☐ *b)* La calidad e los parámetros de la combustión.
   - ☐ *c)* La cantidad de CO_2 en los humos de combustión.

10. El informe de mantenimiento después de una instalación:
   - ☐ *a)* Solo se entrega para grandes instalaciones.
   - ☐ *b)* Identifica la intervención realizada sobre el equipos o instalación y es necesario adjuntarlo a la documentación de la instalación.
   - ☐ *c)* El certificado de reparación lo emite un organismo externo colaborador de la Administración.

SOLUCIONES:

1. a b **■c**	5. **■a** b c	
2. a **■b** c	6. a b **■c**	9. **■a** b c
3. **■a** b c	7. a **■b** c	10. a **■b** c
4. a **■b** c	8. a b **■c**	